地球旅馆

赫文 / 著

生命是最好的奢侈品

台海出版社

图书在版编目（CIP）数据

生命是最好的奢侈品 / 赫文著. -- 北京 : 台海出版社, 2019.7
ISBN 978-7-5168-2264-7

Ⅰ. ①生… Ⅱ. ①赫… Ⅲ. ①人生哲学—通俗读物 Ⅳ. ①B821-49

中国版本图书馆CIP数据核字(2019)第041610号

生命是最好的奢侈品

著　者：赫　文

责任编辑：徐　玥　　　装帧设计：lemon
版式设计：八月柚子　　　责任印制：蔡　旭

出版发行：台海出版社
地　址：北京市东城区景山东街20号，邮政编码：100009
电　话：010－64041652（发行，邮购）
传　真：010－84045799（总编室）
网　址：www.taimeng.org.cn/thcbs/default.htm
E-mail：thcbs@126.com

经　销：全国各地新华书店
印　刷：天津丰富彩艺印刷有限公司
本书如有破损、缺页、装订错误，请与本社联系调换

开　本：880mm×1230mm　1/32
字　数：187千字　　印　张：8
版　次：2019年7月第1版　　印　次：2019年7月第1次印刷
书　号：ISBN 978-7-5168-2264-7

定　价：45.00元

「日出月落是我的心跳」

自序：请端详每一个当下

我不是什么大德，也不是什么智者，只是一个决心追求生命真相的凡夫俗子，一个身心自由的人。

写作只是记录生活的方式，我从没有企及去当一个作家，或渴望一个什么状态。只希望自己的感悟能够简单直白，让人真正受用。

曾试图独善其身，因为在修行的路上，只要你往前走，每天都在变化。正如《礼记·大学》里那句“苟日新，日日新，又日新”。

而如今，我想把自己的感触——这些绝不是道听途说，而是完全靠身体力行的实践总结出来的经验——写出来，并分享给大家。

每一个故事，每一段话，都源自生活中真实的体会，写或不写，都已融入了我的生命中。

之所以写出来，只是为了能够帮助更多的人，让他们看到自己心中的力量。

此时我不是作者，你也不是读者，但在人生的路上，我们可以一起相互勉励。这就是我写作的初心。

这或许不只是文字，而是一颗赤子之心的愿望：愿温暖人心，愿你的生命中充满光芒，愿生命的路程中，你能够不再孤寂与迷茫。

这些文字不足为奇，也不稀缺，因为这是每一个人心中都具备的自性。

如果引起你的共鸣，如果你有一丝感动，那这些文字就只是你本来就拥有的智慧。我只是一面镜子，一阵涤去你心中浮尘的风。

相比任何所言所语，更重要的是，我们真正做到了什么。

如果你真正受益，真正让自己的生命变得美好，这才体现出这本书的价值。

我们渴望成长，渴望心灵的美好，这是每个生命共同的目标，然而看再多的书，走再多的路，遇到再多的老师，也只是一个形而上的追求。

当你真正地开始了解自己，接纳自己，并且由衷地开始爱这个世界时，这才是生命真正的开始。

因为爱不是哪一刻才有的，爱是生命本来的意义。

回忆这些年的心路，我变得越来越快乐，越来越自在，所以我确信修行的智慧，是让生命直奔主题的智慧。

真正的修行，并不是在你的生命中再添加点什么，而是让自己更加有勇气贴近真心。无论何时何地，无论你看起来是在干什么，你心中都要明白你是谁。

有人说，人们都是在谈“无我”和“放下”，你又为何谈“自我”，去勇敢地看见“自己是谁”？

无论世间的事业、感情，还是修行所讲的心灵，说的无外乎都是你的这颗心。然而，不曾了解和拥有，又何谈放下呢？

重要的不是所谓功名利禄或者走遍一切河山的阅历，而是能够面对自己的心，全然地接纳自己。

不了解自己的心，又何谈去修行这颗心？

了解自己，接纳自己，这才是修心的根。

盲目回避自己的过去，抓住一根所谓救命稻草，不顾一切扑上去，这或许是从过去的圈子陷入另一个圈子。

对于任何人来说，智慧都是一步一个脚印修来的，而不是求来的，更不是玄之又玄的把戏。

让你迷惑，让你变得更加形式化，更加紧张和复杂，或许这些并不是真正的修行。你眼前是不是真的光明，只有你自己的心知道。

这些年，最大的收获就是越来越放松和从容。

当你不再执着自己所执着之物，当你不再为自己紧张之物感到紧张，你会发现所谓痛苦、焦虑，并不是因为哪个可怕的事实，而是总受过去的影响，会对未来担心，使我们无法安心于当下。

真实而持续的力量，不是来自谁的鼓励，也不是来自所谓谁的加持、谁的指引，而是自己内在的力量。

无论我们焦虑还是痛苦，该发生的总是如期而至，不会更差，也不会更好。当你用心去观察时，你会发现所发生的总是最适合你的结果。

兜了一圈，就像是捡了一把种子。

见的再多，知道的再多，都不属于你。

如今，回到身体这片田地，把种子撒下，用心播种，这才是你真正的开始。

因为守着一片田，每一方寸都在你的心中，所以不着急、不期待，这就是我的生命。

虽然有生生世世，但是此生此刻只有一次，所以请端详每一个当下。

赫文

目 录

第一章 如是·人间

第二章 如是·观心

第三章 如是·旅途

第一章

如是·人间

那一年 我独居幽静的山谷
黎明破晓之前
世界是流水和雪花纷飞的声音
细数着每一片雪花的飘零 寂静参悟着生命

你和我之间 生与死之间
仅仅隔着一场梦 而谁又能够解梦
解梦的是这虚空之风
看嫩芽飞絮 已是春晓又一年
世人总说 情不重 不生娑婆
那么究竟什么是情
是否该推房门
骑上那一只白鹿 去看一看远方
恍然抬头时 无常刹那间
夜空被黎明点亮
当莲花在心中盛开
聚散也好 悲喜也罢
世界恒常都有你那拈花的微笑
我们未曾相遇 亦未曾别离
你就是我 我也是你

独立而清醒的心

静静感受各种情绪的降临
勇敢地去面对自己
你才会涌起真正的力量
活得简单而精准

傍晚的北京，与其他城市有何不同，又有何相同？

天南海北有何不同，又有何相同？

世人都在诉说着自己的孤单，不被理解，每个人又有何不同？

七情六欲、悲欢离合都是如此相同。

在各种念头升起的时候，我们如何选择？

就那样静静地感受着各种情绪的降临。

当迷茫和痛苦出现时，就让它尽情展现。

自言自语、刨根究底，表现得淋漓尽致，放大它、渲染它，让情绪彻底地释放，就这样直盯盯地注视着它。

心中的那个声音再次在耳边响起：“这些只是一个要经历的时刻。”

宛若在海上冲浪的勇士，浪打得再高再汹涌，终究是海里的水。

所有的痛苦和迷茫，那些熟悉的情绪，只是风起时的浪花。

来势汹汹，却了无痕迹。无影无踪，无处寻觅。

我不想说什么大道理，不想当一个靠嘴过活的人。

只想把真正学到的所有东西，运用到实际生活中去，记录下真实的经验，去温暖他人，陪伴每一个读者度过生命中的每一刻。

无论是在心理咨询中，还是一些对我十分信赖的朋友，每每开始诉说自己时，他们最大的痛苦都来自不愿接纳自己的状态。他们给自己贴标签，觉得自己有这样那样的问题，所以很沮丧。

我时常告诉他们，有些问题不仅你有，而且很多人也会有。

只是没有多少人会告诉别人，自己一个人的时候，自己卸下伪装的时候，究竟是什么状态。

其实，对一个想要成长的人来说，能够觉察自身的问题，甚至愿意拿出来诉说，已然是一种成长的智慧了，多么难能可贵。

对于我来说，经过这么多年的实践和修习，会有很多应对种种问题的方法。

修心也好，学习也好，并不是说我们要成为一个没有情绪、没有想法的人。真实地看见自己的情绪，不但不难为情，更是修行的起点。

修行不是给自己塑造一个神圣的价值观，去逼迫自己成为另一个样子，而是勇敢地看见自己的心，接纳自己的一切，给自己灵魂真正的所需。

觉察自己的内心，是自我成长的一把钥匙。

我总会显得精力充沛，笑得很灿烂。当我真的想要哭泣时，我也很少去避讳和忍耐。

但笑容和泪水的背后，是一种无法言喻的宁静。心中像有双眼睛，一直盯着自己的念头和言行。

因为我必须知道，举手投足、一颦一笑的背后，心中内在的念头是什么？潜意识的自己在想什么？对于自我成长来讲，这比得到什么，比别人如何评价都重要得多。

总有人说现在的社会节奏越来越快，尤其近两年是整个世界加速运行的时期。越是快速，越应该抓住自己的内心。内心的觉知，就像飞速旋转中的轴承，无论身在何处，无论在做什么，做发自内心的决定，感受自己的真心。如此，世界再怎么飞速旋转，也不会迷失自我。

任何发自内心的抉择，不是为了证明给谁，也不是为了掩盖什么。

真诚真心的举措，永远是最棒的决定。

我们总想活得有价值，说服别人，赢得他人对自己的爱或重视。

但我们首先得管理好自己，让自己听自己的话。就算我们一时无法控制自己的情绪，起码得知道自己的哭笑喜悲的症结吧。

这个方法就是——看着它！看着自己的情绪。

总有人说羡慕那些能够洒脱的人，而他却不能做自己。

我想你并非不能做自己，而是同大多数人一样，还不够清楚自己想要的是什么——一边想要洒脱，一边看着周围人的目光。

做人做事和做艺术作品都一样，没有对错，只有真假。

人生本来就没有绝对完美的答案，你选择的任何一条路，途中都会有困惑与快乐。

回顾过往经历的一切，获得智慧唯一的诀窍就是真实、勇敢、自省、坚持。如此周而复始，保持独立而清醒的心。

无论你经历了什么，历经多少次动荡，被抛起还是跌落，都依旧要安住于心。越往前走，越发安宁。

只有静静感受各种情绪的降临，勇敢地去面对自己，你才会涌起真正的力量，活得简单而精准。

和自己的心一步步贴近的过程，就像用智慧和毅力去降伏一匹野马，与它成为朋友，让它陪你走得更远，看到更多的美好。

喜悲，只是你的心

无论周围的环境如何
无论身处何地
你都有资格爱你自己
接纳自己所拥有的一切

打车来到西站，火车晚点了，但这很正常，一切都会突然发生。

一切都有可能发生。一路走过来，我充分投入，尽自己所能，最大限度地去做去努力去付出，去爱去感受。所以时至今日，当我遇到类似以往的突发事件时，我看着自己的心，竟一点波动也没有，只是听到了，然后立刻产生接下来怎么办的想法。

为什么那么多人喜欢旅行？在旅途中寻找风土人情，品咂历史的韵味与痕迹。为什么这些可以打动人，因为这些背后蕴藏着故事。

光阴是故事，是那个年代、那个国度的风霜雪雨。它经历了千百万年，可是仍旧安然屹立，让人追寻。生命中最打动人的，依然是我们所经历的一切。

我们当下所经历的一切，都将是你生命中的一段故事。

坐在熙攘的北京西站，火车晚点，大多数人急躁紧张，还有人垂头丧气。

我来到麦当劳——这个总是收容我的地方。在几年前做乐队的时候，晚上演出过后没有地铁回家，我就在麦当劳待一夜，等着早晨第一班车。

此时因为火车晚点，我又坐在这里，写下了上面的话，记录下这些想法，只是想告诉更多的人，其实怎样活着都只是你的一种选择。

如果我们总是因为无常的事情而痛苦，总是因为事情的突然变化而难过，那么我们活到何时，痛苦才是个尽头呢？你要知道，有些事情本来就是无常的。

而我们的喜悲，并不因外界的顺逆而决定。若心不被打扰，随时随地都可以富足而平静。

长久以来，我总是感觉不到路远，感觉不到时间的长短，无论是在阳光下，还是在阴雨天，我都会觉得正在发生的一切都挺好。

一种安宁从内心油然而生，很放松，这是一种真正的自由。还没有任何事情、任何人能妨碍我的宁静，因为这才是我的心最真实的样子。

晴天有晴天的灿烂，雨天有雨天的凉爽，一切都刚刚好，都是最恰当的姿态。你的喜悲，只是你的心。

就像现在火车晚点，没有人让你躁动不安，但每个人的心理反应却又那么不同。

有句话说“因为懂得，所以慈悲”。也可以说，如果你的心足够慈悲，你足够爱这个生命，你才会真正懂得周围的一切，懂得你为什么会经历这一切，你为什么是你自己，你生命的存在究竟是为了什么。

总有人问我，总是焦虑不安该怎么办。

我想这应该是整个城市，或者整个世界的人的通病吧。

焦虑不安，这不是什么值得自责的事情，因为你是这个时代的人，这是快速时代带来的内心缺失。

焦虑的背后，埋藏的是自卑——害怕落后的自卑。然而没有攀比，又何谈自卑？

很多人都担心别人怎么看自己，然而实际上可能也没有人会在意你。

无论周围的环境如何，无论身处何地，你都有资格爱你自己，接纳自己所拥有的一切。

愿我的心，我的文字，能给可贵的你带来温暖与慰藉。

没有一个生命是绝对孤独的，你的喜悲只是你的心。

按最舒服的节奏走

接纳自己的一切
即便满目疮痍
那也是独一无二的自己

到了家乡，竟然忘了很多路的名字，但没有关系，一会儿就会适应了。

这两年总在不停换地方，就像刚刚习惯上海湿润的空气，就回到了干燥的北京。

刚刚适应，刚刚相聚，又要离别，又是新的相聚。

但这只是外界的环境变了，有一样始终未变，那就是在不停地历练着的自己的心，告诉自己要勇往向前。

我甚至无法回答别人，我昨天前天都干了什么，见到了谁，因为这些在我心里都不重要。

我只记得这段时间都解决了自己的什么问题，可是这些事情也只属于自己。在别人看来，我还是那个我，但其实早已不是过去的那个我了。我越来越平静，越来越自在。

这也让我真正体会到了所谓“在颠沛流离中安住”的状态。无论在哪儿，无论做什么，面对的只有每时每刻的自己。

任何人都可以选择自己的生活，但是你要知道，你需要选择的并不是一个环境，而是面对这个世界的心态。

我们可以离开，可以远行，但那只是一种行为。

那么在这种行为的背后，我们究竟想要的是什么呢?

如果你对自己想要的不够了解，对自己不够了解，心不透彻，那么你走再远的路，去再远的地方，终究会更加迷茫。

你要做一个什么样的人，渴望像谁一样生活，或许那只是你对所谓美好的投射，或者是你的想象。

接纳自己的一切，即便满目疮痍，那也是独一无二的自己。我们每个人，没有自己想象的那么差，也没有想象的那么好，这只是你的生活，这只是你要面对的人生。

过度否认自己，过度自负，或许都不是什么明智之举。

对自己真诚以待，幸福不在明天，就在这一刻。

无论去哪儿，无论下一刻会发生什么，你只要带着一颗富足的心，就足以抵御一切状况。

不要着急走得太快，也不必在原地犹豫不决，触摸着自己的心，按你最舒服的节奏走。

在内心盛开一朵花

无论晴天雨天
无论有没有人欣赏
时时刻刻寂静绽放
即便有凋零的那一刻
也只是尽情完成了它的一生

刚刚我正在洗澡时，热水器坏了。

我在想：人可能有两种想法。

一种是：哎呀，如果我有钱，条件好点儿，也不会受这罪；我要是有更好的生活条件就好了。

另外一种是：热水器坏了，就赶紧解决现在的问题；烧水继续洗，洗好了该做什么继续做什么。

生命中，任何人都会遇到类似的各种状态，即便看起来不同，但内在却是相同的——逃不出悲伤、痛苦、焦虑、恐惧……

所以人与人之间的差距，就在于每次遇到问题的时候如何选择。

有勇气真诚面对自己，懂得如何处理自己的情绪，解决当下的问题，继续上路。这就是属于你的人生智慧。

我们的大多数烦恼都是借题发挥，觉得自己可怜。真正可怜的不是你的状况，而是我们那颗自怨自艾的心。

你觉得自己很苦，想为自己求一个安稳的生活，求一个爱人，哪怕求一个很小的东西，可是求来的总会是苦。

我们能不能安静下来，看看自己的心、自己的内在，缺少的究竟是什么呢？

一个长期饱受经济压力的人，是不是对金钱的态度有问题？对生活的态度有问题？再或许是，那种压力并非来自有多少钱，而是内心深处对生活充满焦虑。那么，在焦虑的背后，你又需要看到什么呢？

一个长期无法找到伴侣的人，总是担心自己嫁不出去，或者找不到合适的女朋友。那么这个表面问题的背后，你的内在又埋藏着什么呢？或者说你了解自己真正需要的是什么吗？如果连自己都不明白，又怎么去寻找目标呢？

大多数人都是挑毛病高手，分分钟能列举无数个问题，这不喜欢，那个没意思，都是一大堆自己不喜欢的事。

我想：能挑毛病不算什么本事，也不能证明自己有想法。

当你反问他："你想要的是什么呢？"大多数人却哑口无言。

往往对自己很了解的人，他生活得简单而果敢，也根本没有那么多时间抱怨生活。

记得有一次，朋友来拜访我，看样子她又焦虑了，向我说了很多自己的渴望。

她想要去北极看北极光，想要换工作，想和男朋友结婚……因为突然有事，我给她一个“T字游戏”，让她先玩会儿。

半个小时后，我回来想要开始和她聊天，她却还在玩那个游戏。

朋友感慨：“我要的就是这样投入和安静下来的感受啊，其实玩会儿这个就可以做到啊，并非要大动干戈跑到北极、辞掉工作……”

对此我自己也深有体会。有段时间在家写书，确实挺累，所以感慨：写书是一个人的马拉松。

本想去“山谷的家”找小娟姐聊天，可是他们夫妻俩一直在抱着吉他唱歌。我就静静坐在旁边一边喝茶，一边听着他们唱歌。整整三个小时，我根本没提到我想说的问题，甚至没交流几句，但是感觉很轻松、很亲切。

有太多东西需要我们静静感受，尤其是我们自己的内心。

一次次在同样的问题中反反复复，我们永远无法到达渴望已久的彼岸。

世人皆有烦恼。当你陷入情绪中时，你只需要看着痛苦发生，不要评判自己的对错，让呼吸自由进出，问问自己的心，究竟需要什么……看看会发生点什么呢？

只有看到内心的真实面貌，你才能找到自己命运的答案。

就像在内心盛开的一朵花，无论晴天雨天，无论有没有人欣赏，时时刻刻寂静绽放，即便有凋零的那一刻，也只是尽情完成了它的一生。

说爱

不是这个世界薄情
也不是这个人间世故
任何人都可以让爱
在心中成为凡尘的一片净土

再相爱的人，面对彼此的疼痛，即便是摸着肉，也摸不着疼。

爱，是关于自己的想象。也是因为爱，生命变得丰富多彩。

漆黑的夜晚，“啪”的一声，客厅变成了橘黄色，柔和的光隔着门帘蔓延开来，进入我的卧房。这证明他醒了。

如果在没有声音的世界，没有意识的世界，世界单纯得只有气味和颜色，温度或感觉……那会怎么样呢？

再如果在一个人的世界里，所有的变化只是数字或形状呢？

我们所有的担心和恐惧，快乐或满足，只是建立在当下的价值观上。打破内心的习惯，找找自己内在更深的真实感受，说不定能看到另一扇窗口里的世界呢。

再相爱的人，即便相拥入眠，梦中也有各自的世界。再相濡以沫的人，当此生终结，也是去往各自灵魂的归属。那，爱究竟是什么?

有人说爱是慈悲。那么慈悲又是什么?

慈悲是对另一个生命的怜惜和尊重，即便他身在恐惧或卑微当中，傲慢或迷茫当中，你依然能看到他的可贵，让他重新燃起对生命的热情。

然而现实中，对于很多人来说，爱则是一种对自我的满足。

那个你所爱的人，你所为之付出的人，你是那么渴望得到他对你的肯定，渴望他对你不离不弃、宠爱有加。

如果你所爱的人忽略了你，你便想尽各种办法，争吵也好，讨好也罢，只为重新回到被他肯定的状态。这些真的算作“爱”吗？难道不是一种“对自我的执着”？在你不能去除“我执”时，这些都不算真正的爱。或者说，你无法感受到真正的爱的力量。

很多人口口声声说爱，可他再爱也学不会对别人好。殊不知他所说的爱，只是自身对别人的一种需要。人与人之间最至真至纯的爱，就是你对他的呵护远远大于对他的需要。

我们哭泣，我们相思，我们不忍分别，这些只是对某种生活状态的习惯。习惯早已渗入自己的生命当中，感觉整个生命都是为挚爱的这个人而活着。

可我们从不曾失去一生所爱，只是失去了曾经已经习惯的生活状态，我们不愿从那段梦中醒过来。

若生命化作一段长长的梦，时而相爱，时而相怨，时而分别，时而相聚，可是再如胶似漆的爱人，也在各自经历着自己生命中需要承受的一切。这就像世界上没有两片相同的树叶一样。倘若说幸福是两段苦难的交点，那么相爱应该是两片树叶同时落向大地这一刹那的陪伴。如此偶然，如此可贵。

所以要珍惜，所以要尊重彼此生命的可贵。

相互鼓励和陪伴，让彼此在生命中呈现出自己最想成为的样子，该是多么美好的一件事。

世界上有那么多人，为何偏偏与他相遇，而且深爱着。无论明天怎样，过去如何，这一刻请珍惜。任何一个生命都在寻找着面对命运的力量，我们又如何忍心去把心攀附给另一个人呢？如果爱，就不要抱怨，不要要求。

如果我们在没有力量帮助别人的时候，反而升起抱怨和傲慢之心，那是多么愚蠢的事情。

记得有一次在色达，夜里，外面天寒地冻，小藏獒就卧在雪地里睡觉。我问师父："师父，小狗冷不冷呀？好可怜。"

师父笑着说："你要觉得它冷，现在就把自己的衣服脱下来给它盖上。要不就不要乱讲话。"

回到房子里，师父说："真正的爱，是把你拥有的、需要的、对于你自己来说最好的东西，看到别人需要，就不假思索地给别人，甚至是你的生命。而不是把你用不着的，对你的生活、你的一切都无关痛痒的东西给别人，然后自己发一顿感慨，称之为对别人好，甚至还渴望别人看到你的好。如果别人看不到你的好，你反而觉得委屈。这些都称不上是真正的爱。"

师父讲了一个故事。在印度有一个僧人，他很善于打坐禅修，而且很快就能进入禅定，他很享受禅定带来的喜悦。这个僧人的师父观察到这个情况以后，就千方百计阻止这个僧人打坐。因此每次看到他打坐，就会制止。后来发展到嘱咐别的僧人，如果看到他打坐就用扫帚把他拍起来。

你如果真正在修行，势必要勇敢面对自己不喜欢的事情。什么事情让自己烦恼，就要迎难而上去面对。修行就是要不停地面对“烦恼”，直到超越这种“烦恼”。

在亲密关系中，最容易锻炼自己的心，因为于情于理那些人都是你最应该爱的。而且，你也真的很需要他们对你的爱。用真心去体会、去接纳，在这个过程中，你不但拥有了和谐的生活环境，内心也会变得更加强大，学会如何去爱。

师父总会告诫我，处理问题要圆满。做任何事情，只要有一个人不开心，都不是圆满。世间任何事情，不同角度有不同是非，对于感情而言，什么样才是对的？相互都觉得舒心才是最好的结果。

如果你自己觉得是爱，是对他人好，那么体会别人的所需，用别人接纳的方式去表达，这才是智慧。这也正是感情中相互成就的最好状态。

我们要时刻告诫自己：“世间的一切，为我所用，不为我所有。”我们唯独需要珍惜的就是每一次进步的机会。

“情”之一字，足以粉饰乾坤。如何面对自己的生命，是每个人选择的权利。

只有深情的人，才能看得到深情的世界。不是这个世界薄情，也不是这个人间世故，任何人都可以让爱，在心中成为凡尘的一片净土。

缘来如此

珍惜当下的每一段缘分
没有什么孽缘顺缘
到来的都是生命中成熟的缘
也是我们修行中最好的时刻

没有人会打扰你的心，即便是思念谁、害怕谁，那也是自己的心创造出来的感受。

是谁撩动了你的心弦，某个人吗？

他在任何人眼里，都只是个普通得不能再普通的人。而你却心心念念，留心着他的一切。

或许，你与这个人在现实当中已无法有过多交集。但是你依旧无法停止对他的思念，会幻想，会期待。

任凭你用再强大的理智去抵抗这样的情绪，竟也无济于事。

这就是所谓缘分。

永远不要认为你付出了多少，你为他人做了些什么。在没有修掉“我执”的时候，你对任何人的帮助都很难是单纯的，它或多或少都会满足你的自我价值感。

我曾感慨，带着怜悯和“我执”的施舍、帮助，都是最大的傲慢。只有内心真正纯粹利他的时候，你才会发现，所有的付出，都只是在回馈他人对你的恩德。

正如师父所言：“一切众生，以无数形式示现给我们，成就了我们更好的自己。所以利益他人，只是一种人性的道义。”

通常意义的爱，只能称为一种需要、责任和依赖。

即便只为你好，世间无私的爱，再大不过父母对儿女的爱。

但是父母给你的，也无法是圆满的爱，只是他们认为的所能给你的最好的一切。

因为大多数的父母，也无法看到问题的根本，就无法给予设身处地的共情，所以会带着自我的情绪和执念，对爱也会心有余而力不足。

用世俗的心，或许根本找不到出世的纯粹。

那么我们只能靠自己，精进地去学习、去觉悟，先让自己的心慢慢找到那分纯粹的力量。

缘分很有意思，你可以在他的肩膀笑得很甜，也可以在另一个人的肩膀荡气回肠地想要厮守。这些你在当初都无法试想，却自然而然地发生着。

你的眼泪，真的不是只会为一个人、一段情而流。

可这一切，并不代表你的哪段情才是最真，感情来到的那一刻，任何人都是真心实意的。

但这仅仅是缘分的聚散，一刻都不曾停止。恩恩怨怨，聚散离合，并不是你能控制的。

如果缘分转变的那一刻，再让你回到从前，或许你也无法找回过去的感觉。

或许我们并不是怀恋某个人、某件事，而只是怀恋某年某月某个时段自己所经历的感受。

当我意识到这些时，那曾经的人和现在的人，都不再让自己深陷其中而不可自拔。

如果有人说他真的爱你，很需要你，你也不要怀疑他的真心。

因为在缘分成熟的那一刻，他是真的爱你。你可以珍惜。在茫茫人海，此时有这样一个人，他觉得你是那么重要。

即便明天，他变了、冷漠了、离开了，这些都不足为奇。

对于世间的感情，爱或者不爱，都是真的。

没有人会故意犯错，也没有人会真的故意让你伤心。

因缘的聚散，生命的本质便是如此。

所有令你伤心的，都是你的执着。对曾经的留恋，对明天的期待，也统统只是幻象。

再相爱的两个人，看似一起向前走，其实也只是陪伴，各自都在经历着自己生命中需要面对的问题。

师父曾经说过："今生的相遇，是在偿还或延续彼此的恩情或仇恨，也可以说是让彼此继续学习，以纠正以前彼此所未曾处理好的关系和问题，因果业力真实不虚，缘来如此。"

珍惜当下的每一段缘分，没有什么孽缘顺缘，到来的都是生命中成熟的缘，也是我们修行中最好的时刻。

每一秒钟，什么都有可能发生。我们无法预知无常，唯一能做的就是时刻观照自己的心。

即便知道“过去心不可得，未来心不可有”，可心中还会不停出现杂念。

仅仅是几个小时，只是坐在这里，现实什么都没有发生，但仔细观察自己，会发现心中一直在波涛汹涌。对某些事、某些人的态度，还是有不断变化的想法。

就这样让念头在心中肆意生发，再看着它慢慢退去。总有一天，我的心会被完全驯服。

慢慢来，这是此生不变的路，一条不会反复的路。每一次找到问题的根源，就是一次身心的升华，终将通往光明。

没有什么难以抉择

找到自己的心
仔细感受自己的内在
其实它早已有了
最想选择的路

思念并不是对某人的，或许只是一种情不自禁的状态。深深地沉迷，沉迷得让自己对某个熟悉的气味浮想联翩，回不到当下，因为心念而神魂颠倒。

有句歌词写得十分贴切——“想念是会呼吸的痛”。

然而现实要么物是人非，要么天各一方，所以，思念是一场自己的心和自己的念之间的纠缠。

念头如冷风般一阵阵袭来，就这样看着自己的心，给身体带来种种变化。除此以外，没有必要去做任何举动。

虽然无法预知生命中的无常，但能做的是，在每一次欲念丛生的时候，做出选择。

我的心会有些无奈，因为自己不够智慧，有时候还会有执着，还是会停留在欲念中片刻，还会矫情得想多说一句表达自己情绪的话，想多留恋一下。

可我有时候会想：什么是欲望？什么是缘分？什么要任其发生？什么要努力节制？

本以为自己可以做到心如止水，可是对于有的人，却做不到当他离开的时候，不去思念。

现在的自己，已不希望只靠一时心血来潮而去做任何选择，于情于理觉得这样不够成熟。一方面怕纵容了自己的欲望，一方面怕自己修行有所退转。

或许我并没有特别希望有怎样的结果，只是想的太多，就会无从选择。

于是我干脆给师父打个电话。

电话通了，师父正在开车，在去往马尔康的路上。

他告诉我："没有什么难以抉择，最重要的是找到自己的心，遵从自己的真心，做好此时此刻的事情。不去执着任何抉择，任何事情都有它自然发展的方向。而且，你不要去管别人怎么样，你唯一要做的是，管好你自己，做好你自己。"

是呀，最重要的是找到自己的心，仔细感受自己的内在，其实它早已有了最想选择的路。

人与人是什么样的缘分？此生遇到的因缘，或许是在多生多劫之前已经种下的，这些是注定的。顺其自然，也是最好的选择。

有时候，太执着结果，太执着什么是对的错的，何尝不是正在执着呢？

哪有太多的纠结，太多的无从选择？不就是无法平复自己当下的情绪吗？然而此时此刻，不是什么都没发生吗？

害怕修行退转，也依然是一种执着。什么是修行呢？不就是顺其自然面对生命中的一切境遇吗？

无论何时何地，无论和谁在一起，就随着因缘的成熟，不拒绝不抱怨不躲避更不畏惧，去迎接发生的一切，这才是最好的修行。

如果还会痛苦，那就更加需要修正，所以于情于理都不存在任何选择。

想起师父曾说过："有缘的话，想什么来什么。没有缘分的话，你想什么都不来。"

你想活得开心自在，不需要什么大道理，顺其自然是最方便简单并且最大的智慧。

此刻，我也真正体会到，没有具足智慧的时候，根本没有能力去真正帮助别人。

为何总是面对亲近的人肆无忌惮，面对不熟悉的人又不知所措？

面对不熟悉的人，我们是对自己有要求的，希望自己树立好的形象，害怕别人不认可自己。

面对亲近的人，开始对别人有要求，希望别人能够对自己有回应，希望别人所做的，都在自己所控制、所想象的范围之内。

无论对别人有要求，还是对自己有要求，都是同样的我执。这里的我执，都源于自己内心深处的恐惧、担心，渴望外在的人和事能给自己满足。

那么这都不是真正的"爱"，看起来是和别人相处，其实都是在和自己的执念打交道。

你与他人的关系，其实就是和自己的关系。不信任自己，又何谈信任他人？

关系其实是了解自己的助力。在与人相处的时候，你的内在经历着什么呢？你的温暖、恐惧、快乐、担心，都源自什么呢？

只有在关系面前，不去归咎他人，而是借此好好看看自己的心，才能真正处理好与他人的关系，因为你首先与自己达成了和解。

如果没有执念，就让一切自然而然发生，不破不立，缘起寂灭，坏到最坏，才能好到最好。

跳出情执，才可以拥有平等心。

用一颗平等心，才可以升起对万事万物的“正觉”，那才是最深的“情”、最真的“爱”。

一颗自给自足的心

我与自己对话
找到自己心甘情愿落下的那片土地
生根发芽，完成生长的过程
生命的意义就悄然发生
都埋藏在泥土里
埋藏在你的心里

我很少发公众微信，但其实每天都会用心写作，随时都会在记事本、电脑、手机上记录，密密麻麻几十万字肯定是有的。无论有多忙，无论在哪里。

我并没有想过拿作品做什么，也没急于当个网红。写作已然成为我自己和自己的对话，是记录生命成长的一种方式。

有时候想，自己是个不称职的公众号主人，十天半个月也不写一条，以致有的读者会反过来问我：什么时候更新？

什么算称职，什么算不称职呢？这有没有标准？

我想这就像心理问题吧，如果你很开心，你觉得一切都很好，哪怕别人都说你怪，你也不算有病，只是你比较特别而已。

我想任何人都有自己的独特之处，只不过有的人发现了自己，有的人丢了自己。更有太多的人唯恐和他人不一样，刻意压抑自己。

有些事，你当它是个事，它就是个压力；你当它不是个事，也就随时可以放下。

你小心谨慎担心的事情，或许别人根本就不会在意；你不在意的事情，或许在别人眼里弥足珍贵。

过去总觉得自己什么都懂了，然而时间会告诉我：一切才刚刚开始。

然而什么才是永恒？其实，坦然接纳千变万化的世界才是智慧。

记得昨晚临睡前，翻看朋友圈，友人发了这样一条心情：“又一天过去了，被死亡和悲伤统治的夜是蓝色的。晚安。”

我想所有人光鲜靓丽的背后，都有那个独自面对的自己。

再知心的人，也只是陪伴一段旅程而已。

或许生命只是一段又一段的旅程，没有死亡，也没有出生，没有离别，也没有绝对的相聚。

让一切自然发生，这样就好。

很偶然的几次经历：这个月，我竟然两三次半夜突然坐起来，脑子无比清醒，会从心底感慨人生好无常，人生真短暂，时光哗啦啦流淌，这是你的生命啊！

然而这并不使我觉得伤感，而是让我更加认真地对待每一个当下。

过去我不明白，为什么有的人安静的时候讨厌被别人打扰？

为什么有的人要离开家乡，甚至要去异国他乡？

生命啊莫着急，该有的总会不期而遇地让你体会。

渐渐地我也有了各种各样的经历。过去不懂事，不是因为幼稚，而是路走得还不够远。

前几日，我带友人去宋庄，因为他想看看我刚来北京时住的地方。

宋庄已今非昔比，曾经的通州精神病医院变成了禅艺画廊。

喇嘛庄——那个十年前的穷乡僻壤，现在都开了咖啡厅。

他说：“要不要去你那个喇嘛庄咖啡厅坐下喝两杯？”我顿时觉得有千言万语，可是我却说：“下次吧，以后再说……”

这样一个想做就做、想说就说的我，竟然也会欲言又止，按捺住自己的心情。

要是在十年前，我又怎么会这样想呢？

开车绕了两圈都没找到去喇嘛庄那条记忆里的大路，不知道是当年的我太小了，还是如今的路变化太大了。

终于找到了喇嘛庄 100 号，这个十二年前我刚来北京时住的第一个地方。

那个时候的我，全世界只有诗和远方。18 岁的姑娘，带着一把种子，赤手空拳，借了一千块钱，坐着绿皮火车就来到了北京。我以为艺术是最纯真永恒的净土。

如今，我的心依然是诗和远方，只是又看到了更多的世界。

100 号的大门被扒倒了，我跑到房后，看到里面那根电线杆才确定就是这一家。

我认识那根电线杆，记得当时买电的时候，总要用板凳摞着板凳，才能够着挂在电线杆上的电表箱。

看到门口被扒了，我顿时有点感慨，心里有些悲伤。

这让我想到十几年前拆迁的时候，一向沉默内向的爷爷，直到拆迁动工的最后一天才离开老房子。他在一块木头牌上用粉笔写了一行字：泪别七十年故居。

而我能做的，只是拿着画笔画一幅老屋素描，再用黄色颜料涂满整个画面，用这幅画定格爷爷的情怀。

爷爷不是钉子户，是个老实巴交的读书人，是个十足优雅的没落贵族。他一生淡泊名利，遇到任何困难都任劳任怨、踏实本分。

喇嘛庄 100 号，迎来了画家一家三口的新开始。

我告诉他们："我不在这里住了，只是来看看。"

是啊，再也回不来了。

没有伤痛，没有留恋，只是如鸿雁掠过天空，生命只是一场经历。

我一直无法定位自己，香山的诗人？霍营的摇滚乐手？宋庄的画家？东四环的富人？费家村的穷困者？起起落落，寻寻觅觅，那都是我。

我承认自己聪明，但一点也不精。

干一行会一行，生活面临什么，需要什么，我总会迎难而上。这不是虎头蛇尾，也不是见异思迁，而是对生活的热情。我总是不会算钱，一麻袋糊涂账。但这又能怎样？这就是我，我依然自由自在地活着。

什么也没留下，什么都无所谓，然而岁月送给了我一颗自给自足的心。

这使我越来越懂得如何坚定地出世入世，越来越懂得亲情家人的可贵，越来越懂得如何爱自己。

曾经的我很怕离别和永别。

如今才真正懂得生命，真正感受到生命传承的可贵。

我曾经日日夜夜寻天问道，冥思苦想瞬息万变的生命都去了哪里。

我一直寻觅的故人、我的奶奶、我不忍看到的一天天衰老的父母，原来他们就在我的身体里。

我的身体流淌着祖祖辈辈的血液，我可以随心所欲地经历此生。如何选择，是心的体验；让自己活得更好，是对家族真正的爱。

生命中最值得留恋的，莫过于陪在你身边的那个人、你的父母，还有胸口中跳动着的、这颗勇敢面对一切的心。

曾经有人说过，人不停地追逐，不敢让自己落地，或许也是不愿面对衰老和死亡。好像一旦落地了，就要进入生命的倒计时。

有时候，看到生老病死，让人心酸。而有一些美好的人，寂静知足地做着自己热爱的事情，就像在一片天地里生根发芽，即便慢慢变老，也让人觉得温馨而甜蜜。

这让我不禁满心动容，正应了那句话：不以物喜，不以己悲。

我与自己对话，找到自己心甘情愿落下的那片土地，生根发芽，完成生长的过程，生命的意义就悄然发生，都埋藏在泥土里，埋藏在你的心里。

美好的种子

我们不知道明天会发生什么
也无法幻想明天会发生什么
唯独能把握的是
让曾经的日子很精彩
让现在的生活很充实

一天恍然间过去了,无论人声鼎沸还是形单影只,无论晴天雨天,无论周围发生着什么，你都可以选择用什么态度面对。

太玄妙、太新奇，或许会让人眼前一亮。唯独真正的爱与慈悲，会成为心底一颗美好的种子。

富人有富人的烦恼，穷人有穷人的悲伤，单身有单身的难耐，夫妻有夫妻的困惑，各式各样的生活境遇来回上演着。你所执念的，总会随着时间和情绪的变化而起伏不定，越是变幻无常越是修行正当时。能让我们不安和恐惧的事情都是我们还没有看见的自己。

拥有时刻观察自己念头的出离心，会让你比任何人都懂得享受当下，即便看到自己的情绪，也不至于被情绪牵绊得太久。

所有的事情本来都会成功或者不成功，这些都很正常。但是你的选择，就是你的人生方向，这一路的获得，比结果更重要。如果你没有信念，没有心灵的归宿，当所有狂欢褪去时，总会再次陷入空洞乏味。

总以为去这样那样忙碌，才能换来快乐和安慰，于是就不停地追求。其实我们想要的就是一个安稳的睡眠，一个健康的身体。暂且不说如何有益社会或者心怀苍生，能够让自己身心富足、健康，这就是莫大的智慧。

你多久没有睡个安稳觉了？多久没有放松地感受阳光了？你真的找到自己处理亲密关系的方式了吗？如果没有，那么你每天劳心费神追求的那些，又是为了什么呢？有没有安静地想过呢？

如果处心积虑，你拥有的一切，都会以另一种方式失去；如果顺其自然，你看似失去的一切，也会以另一种方式回到你心里。

如何把握？我们可以做任何想做的决定，但是不要忘记安宁的心才是最重要的。除了自己的念头，没有任何人、任何事能够干扰你的清净之心。

“怎么快乐怎么选择”和“担心什么补救什么”同样都是选择，却是两种截然不同的呈现。这源于你看待生活的角度不同。

我们不知道明天会发生什么，也无法幻想明天会发生什么。唯独能把握的是，让曾经的日子很精彩，让现在的生活很充实。

心中装着什么，就会经历什么样的际遇。相信种瓜得瓜，种豆得豆。当你走在修心的路上，当你每一刻都选择用爱去照亮生活，那么明天的美好，是用现在的心量根本无法设想的。无论发生什么，你都可以去让自己的心修行得更加宽广。

又是一个下午，这样的日复一日、年复一年。

在红尘中，在微风中，缓步前行，心中毫无畏惧，毫无担忧。

身心如燕子一样轻盈，因为心里什么都没有，心无挂碍，无挂碍故。

当你知道了生命的意义之后，所经历的悲欢离合都只不过是沿途的风景。就像隔着车窗一样，经历着、观望着。这些风景，只会让生命更加有趣，可再怎么有趣无趣，都不会影响我，我最终会到达目的地。

成为自己喜欢的样子

当你愿意接纳的那一刻
当你内在升起觉知
去观察自己的那一刻
一切便回到平静

翻看过去的日志和照片，走过了那么多路，曾经的抑郁、彷徨都走了过来。最大的欣慰不是在光明的地方看到光明，而是在黑暗中勇敢地走向光明。

这就像爬山，在半山腰突然回头看已经走过的山路。

即便垂目合十、匍匐跪拜，心不明了，离自由也会很远。

信仰，是寻心的开始。远行，只是为了找到回归的路。

心中没有激动也没有喜悦，回眸观望，一切如此平静，过去的路和下一段路一样珍贵。自己的心在一点点生根发芽，变得更加强大。

不是为了攀登而攀登，也不是为了获得什么而攀登，生命是使自己的身心越来越团结的一种练习。

我们只需稳定向前，再也不去想获得什么、追求什么。因为你发现当身心紧密连接的那一刻，你什么都不缺少。

有些事情随着时间的流逝，消失得无影无踪，就像从来没有发生过。那些被我们执着的事情却住在心里，虽然看不见、摸不着，却影响着我们的现在和未来。

只有真正走过，真正感受过，才会心甘情愿地沉静，才会对生命自然地臣服。

当自己陷入欲念之中时，那感觉如此疼痛，又如此熟悉。

就那样看着自己，像照镜子一样看着自己陷入情绪时的样子。我曾录下自己如何直视一次次内在的阴霾，那看破一切的情绪背后，究竟想告诉自己什么？

所有的努力，所有的精进，哪怕是所有的愤怒、压抑和痛苦，都是为了听到内心真实的声音，看见自己，疗愈自己。

过去不会再来，明天也还没发生。过去的一切消失在哪里？就像从来没有出现过一样，但它唯一的价值，就是造就了今天的心。

修行的目的并不是消除烦恼，而是学会和烦恼共处。

即便同样的事情再次发生在自己身上，却已经不再觉得痛苦。

就像用一个黑影子吓小孩，孩子不懂事，不知道那是什么，所以吓得哇哇大哭。当他发现那只是个影子的时候，他就不再恐惧。

记得有个朋友问我：“生活中，让你快乐的是什么？”

对我而言，快乐的事情有很多，不快乐的事情也有很多。但是快乐也好，不快乐也好，都只是刹那间的感受，自然而然地发生。不追求，也不回避。

思念，就有思念的感受；痛苦，就有痛苦的感受。它们只不过是这一刻的情绪波动。你不必慌张，不必纠结，看着或者无视，它们终究都会消散。

等你回过神看看周围，你会发现此时此刻都挺好，你根本不必为你的情绪做出任何举动，更不值得因延伸这种痛苦而脱离当下。这些就像潮起潮落一样自然发生，自然消退，仅此而已，不过如此。

即使水深火热，即使万丈深渊，当你愿意接纳的那一刻，当你内在升起觉知，去观察自己的那一刻，一切便回到平静。

人生只是一念，你需要面对的不是任何人、任何事，唯独要面对的是你的心。

一切苦，只是我们自己的鄙见，和事情的真相毫无关系。

正如那句：念起万劫生，念灭万劫灭。

很多人会说不知道该怎么做决定，所以痛苦。

其实痛苦的不是做决定，而是寻找方向的过程。真要做决定的那一刻，也是释怀的时刻。

太多的束缚，只是源于自己不知道真正想要的是什么，所以会举棋不定。

触摸着真心，无畏每一次情绪来临的时刻，因为这才是我们真正要修行的。

人生最美好的事呀，实在莫过于像精心呵护一颗种子那样，呵护自己的身心，看着自己一天天成为自己喜欢的样子。

不要吝啬你的爱

也许任何一次离别
都有可能是
今生最后一次相聚
无常无法改变
那么就更加珍惜
每一次当下吧

大姨为了家，为了孩子，为了生活得更好，五十多岁去美国挣钱，一去就是五六年。她不会英语，也没有一技之长，只身一人，靠的只是自己的决心和毅力。因为她把这些当成了自己的信仰。

那天哥哥结婚，大姨终于等到了回国这一天——她这么多年才拿到绿卡。

我看到婚礼的场面，忍不住掉眼泪。我想控制自己，可是鼻子很酸，一直掉眼泪。

任何人都有自己的太多故事。

虽然世间缘聚缘散，万般皆空，但世间的情，是唯一成就自性的无上法门。我怎么能视感情而不见呢？

情就在身边，而且也是情成就了自己的心。想到这里，我对于自己曾经的逃避感到很惭愧。

我们应该尊重每一种人的人生，每一种人的生活，每一种人对幸福的追求。

无论发生着什么，让我们都努力看到每个人对生命的渴望，对美好的憧憬，这是所有人共同的愿望。

我小时候总梦想让自己快快长大，父母和爷爷奶奶都不要变老。这是多么纯真又可爱的想法。

有时候我虽然不说话，不表达，心里却看着想着。亲人们正在经受的，也是一切生命正在经受的。生老病死，我改变不了什么，也做不了什么。然而这就是每个人生命自然的呈现，这就是生命的本来面貌。

也许任何一次离别，都有可能是今生最后一次相聚。无常无法改变，那么就更加珍惜每一次当下吧。

记得有一次，我坐在汽车里，看到车窗外人流中的妈妈，她被掩埋在人群中。那一刻我竟回不过神叫她，只是注视着眼前的画面。

那样一个中年女人，和人群中的任何人一样，只不过我和她有感情，她的一颦一笑都牵动着我的心。可世间那么多人，任何一个人都可能是我，任何一个人也可能是我的父亲或母亲。

那个卖衣服的中年人也有自己的儿女，她也是母亲；那个在寒风中值夜班站岗的男人，也正如我时常值夜班的爸爸；那个在路边满脸沧桑，无助地呆望远方的老人，也会是我的爷爷。

或许任何一个人，过去未来都有可能是你最亲近的人。只不过过去的你忘了，只不过未来的还没有发生。就像儿时并不知道未来相濡以沫的爱人是谁，他必须在因缘成熟的时候出现。

又有什么理由不去爱所有的人呢？即便没有那么多缘分，也可以像照顾自己亲人那样去做些什么。这种情，这种爱，渗透到了我生命中每一个时刻。无论在哪里，任何一个人都会让我想到我的亲人。

这些让我真正领会到“一切众生皆父母”这句话。

也正是世间的情，成就了我出世间的修行。

多情乃佛子，无爱非菩萨。这也让我真正明白师父曾说的那句话：“出世间离不开世间修习，世间离不开出世间智慧。”

别走太快，等等心

越坚硬的心
越脆弱
越强大的心
越柔软

本来没什么思路，给自己煮了碗素面，汤汤水水下肚，胃暖暖的，顿时觉得很幸福。我们理想的生活状态，无非是一壶茶、一本书，内心宁静，让自己过好每一天。

可这么简单的事情，为什么总是很难拥有？是什么让我们如此疲惫？

有人说是因为没有钱，是因为压力太大。然而为什么那么多拥有名利的人，仍然感觉到疲惫，感觉到无法满足呢？

有时候，看起来你是在拼命奔波、追求财富、追求幸福，殊不知只是在耗尽生命，努力填补内在心灵的黑洞。

昨天晚上下载了一个能聆听自然之声的App，通过蓝牙在音响上播放，整个房间里顿时充满各种各样大自然的声音，我竟然高兴得手舞足蹈。

其实开心就是这么简单，并不是非得取得多大的成绩，才可以感到开心。

然后又搜到一个放松大脑的游戏，一连过了好几关，每次过关胜利后都很快乐。原来这么小的事情，都能让自己平静和快乐啊。

先生看见我在玩，他也参与进来和我比赛。

我瞬间体会到那么多玩游戏上瘾的人，该是多么沉浸于过关斩将给他们带来的成就感，然而在现实中又是多么空虚无助。

小醉怡情，大醉伤身，适当玩游戏确实可以放松。然而对任何事情上瘾的人却不该被责怪，相反应该对他倍加关爱，去探寻问题背后的原因，去看到每个人向往光明的心。

自己不被影响，不去责怪，而是去理解和接纳。爱，在这一刻才会发生。

前一段时间见到一个朋友，他每天特别忙碌，甚至忙得年纪轻轻白了头发。

后来发现他在微信游戏斗地主中竟然名列前茅。所以人都会累，都需要休息，斗地主应该是他的放松方式。

有时候，或许并不是忙得不可开交，而是太多的问题，挂碍在自己心上，让自己根本无法停止焦虑和恐慌。

任何人再成功、再伟大，卸下角色的面具，总归是为了生活和家庭幸福，然而丢了自己，又谈何幸福?

看到昨天因为走神，关车门时被挤破的大拇指，我真应该对自己深深道歉。真正爱自己，就不要因为欲念的劳神，去消耗自己的能量。

人人都那么想优秀，想要进步，而生活中，又对自己做了什么呢？

每次为别人做心理咨询的时候，我总会说，不要谢谢我，因为你好了，你们全家都会更幸福，要相信自己的力量。

一个看不到爱的人，会孤独，也会伤害正在爱他的人。

有句话说："因为不相欠，所以不相恋。"我想说的是："因为爱，所以陪伴。"

为何不能像种一株花、一棵树一样，呵护自己所拥有的生活？哪怕遇到再大的狂风暴雨，都用心守护着自己的生活，让幸福静静生长。

虽然说这世界很大，人外有人，天外有天。然而再大，大不过执念的心。如果不把心打开，逃到哪里都无法自拔。

假如名利要用灯红酒绿、逢场作戏来换取，那倒不如安静地生活。

这让我想起父亲平平淡淡的工作，一座房子，一个妻子，一个孩子，种花养猫，给年迈的父母养老送终，有三五发小兄弟没事喝喝小酒，这应该就是幸福。

财色酒气、纸醉金迷中，人们侃侃而谈着自己的英勇无敌。倘若你足够强大，又何必向别人去证明？

要知道越坚硬的心，越脆弱。越强大的心，越柔软。

当一杯酒下肚，人们变回了自己，像丢了玩具的孩子一样无助。

争夺背后却是无限的恐惧，所以人们一分钟也安静不下来，只能不停地忙碌，不停地追逐，拿物质的粉饰让自己麻痹，周而复始，就这样一天天老去。

或许，你可以试着听听自己内心的声音，听听自己身体的声音。

最初的自己，只是为了追求纯净与幸福，可后来，为何迷失在恐惧里？为何迷失在如梦的幻影里？为何迷失在禁锢的执念里？这真的是你的心吗？

别走太快，等等自己的心。

无论去哪里，无论身在何地，带着你的心，带着你最初的愿望，才可以享有身心富足的美好！

回归自我圆满的气质

修行不是为生活锦上添花
而是为生命查缺补漏
勇敢地找到自己的缺点
面对自己的缺点
这才是真正的修行课程

记得一个朋友讲过，一个很有钱的同事，却是朋友圈里最小气的人。那个人不舍得花钱旅行，更不舍得给自己买像样点的衣服。他虽然有钱，但只是个挣钱机器，每天忙忙碌碌，看起来毫无生机，没有一丝情趣。

这样的人虽然很富有，但终其一生都在和自己内在的匮乏感做斗争，根本无法享受生活，更无法分享美好。他们忙碌与追求，只是在填补内心的匮乏感，完全无意识地服务于那个心灵黑洞。

生活中也有很多类似这样的人，即便没有故事中的人那么严重，但也会被匮乏感羁绊，总是生活在“等我以后拥有”“生活是很艰难的”“好东西是给富有的人准备的”“工作很辛苦”“赚钱不容易”“先凑合一下，以后再说吧”的想法中……这些像乱码一样的杂音，在你每次做决定的时候，就会在耳边聒噪，以至于总是无法听到自己内在的声音。

就是这样的杂音，会导致你去添置自己并不中意的东西，这些东西弥漫在自己的生活中，因为不满意，所以要一直换，一直买，一直寻找。

因为都不是自己想要的，所以总觉得自己没有。然而自己想要的，又没有力量去看见，没有力量去选择！

看起来是生活中一件件小事，可是不知不觉，却成了你的生活面貌。多余的东西，不能让自己赏心悦目的东西，各种纠结的决定，各种反反复复的想法。

匮乏感不单指金钱的匮乏，还充斥在生活的方方面面。

有些人总是在证明自己，刻意让自己看起来很强大，这其实也是一种潜在的匮乏感的体现。

因为他希望通过表现自己，通过和他人比较，通过讽刺别人的不足，来撑起自己内在的空虚。

所以说，强大也有真伪。有的人强大只是看起来强大，他们为了获得价值感和家庭地位，硬逼着自己，压抑自己的需求，甚至用健康去换取所谓成功。总有一天他们会因为身心承受不了而崩溃。

真正的强大是自然而然的通畅，这样的人一定会身心和谐，不单自己舒服，也让别人感觉轻松舒适。

什么才是富足？并不是说你出身多么显赫，多么腰缠万贯，而是你能够彻底摆脱内在的匮乏感，回归自我圆满的气质。

倘若你是一个懂得舍得的人，身心一定不会困顿。即便陷入困境，相信也只是暂时的。你爱生活，生活也一样会爱你。

你要明白，你配拥有舒适的生活，是因为你的心本自具足。那些所谓匮乏感，无非是一种习惯性的担心、恐惧和焦虑。

不是贫穷就活该有匮乏感，而是你的匮乏感导致你身心贫瘠地去面对生活。只有离开匮乏感，你才会发现自己拥有的美好。

人多数人总想在走投无路的时候，去找个高人，或是到庙里向神明祈求，在这个节骨眼上突然追随信仰。殊不知这样的信仰并不是真正的解脱，而是为内在的匮乏找依靠。

如果你祈求财富，倒不如自己好好反思，自己内在和金钱之间的问题。如果你祈求感情，倒不如自己好好反思，自己与亲密的人之间的真正问题。

当你决心去追求身心美好时，那么修心的意义就是主动发现自己的问题，这个问题就是我们对某件事执念的对境[1]。

发现自己执着金钱，那么就要在金钱上努力修行，主动去付钱、去布施，想办法让自己慢慢从金钱的束缚中解脱。

与此同时，我们修掉的不只是钱，也不仅是对金钱的执着，更是内心这个痛苦的根源。

一味向外追求，想必很难找到真正的答案。修行不是为生活锦上添花，而是为生命查缺补漏。勇敢地找到自己的缺点，面对自己的缺点，这才是真正的修行课程。只有真正面对自己，听到自己内在的声音，才能有力量找到心灵的出口。

1　修行有时需要排除障碍，被排除的障碍就是修行的对境。

做自己不喜欢的事

主动打破
束缚在自己心灵上的偏见
给自己松绑
才能看到更宽广的世界

今天陪朋友去了服装批发市场，发现那里也有挺好看的衣服。在我以前固有的思维里，这里是坚决不愿意去的地方。

接下来的一天，去参加表哥的婚礼，姨妈让我一起去接新娘。我觉得没意思，被问了好几次，我都很坚决地说不去。当接新娘的车过来之后，我觉得挺好玩的，情不自禁地打开车门坐上去，不愿意出来。

回忆往事，虽然我从小个性张扬、无视规矩，但爸妈也很宠我，从来不干涉我的任何选择。越是不管我，我就越自律，所以我从小就特别节制，对很多事情有所评判，告诉自己要成为一个什么样的人，这个不能贪浊，那个不可放逸。

所以说，过去的自己乍一看特别精进、特别慎独，可我认为那不是真正的修行。

真正的修行是让自己的心变得柔软，让自己无论面对任何人任何事，都能温柔以待。真正的修行是让自己的烦恼越来越少，而不是用自己的所知所见评判生活中的人和事。

中医讲："通则不痛，痛则不通。"这个道理在我们生活中一样行得通。

当我们心存芥蒂的时候，并不是这个事情多让人排斥、多让人痛苦，而是内心被阻塞了。

太刻意的排斥，也依然是"我执"的体现。触犯了一直以来的习惯或者内心固守的一种状态，就是阻塞，就是思想上的不通，自然会感觉到痛苦。

所有难以接纳的痛苦都可以用智慧化解，一切问题都在自己的心里。

就像做艾灸治疗，在病症相应的穴位上点燃艾绒，的确十分疼痛。但是当穴位被慢慢打通，疼痛就会减缓，直到消失。

有个朋友说，他几个月大的女儿跟他一起去做了艾灸。

小孩子没病没恙，为了让孩子更聪明，就在百会穴灸。孩子天生经络是通的，所以在小孩子的百会穴点燃艾绒，火苗在头顶燃烧，可是她一点反应也没有，照样坐在那儿玩，还冲着大人笑。

或许我们的身心本来都是通的。在我们还没有长大的时候，习气还没有成熟的时候，每个人都是清净的。

朋友说，当孩子头顶艾灸的时候，不知情的人会十分惊讶地直呼："这个孩子真坚强啊，这个孩子不怕痛吗？"

这让我想起《雪洞》中，丹津·巴默所讲的一个故事：

十六世法王病重，巴默见到了萨迦法王，她忧心忡忡地说她很难过，大宝法王太苦了。

萨迦法王回答道："不，他一点也不苦，是你眼里觉得他苦。"

巴默说："可我也见到大司徒仁波切，作为大圣者的他，也很担心。"

萨迦法王说："是在你的眼里，他很担心。"

我们对外界情况所做出的判断，几乎都只是内心的映射，只是依靠我们的旧有习惯和自身能力所及去理解。但这些绝不全是真相！

这些日子，一次次经历让我发现，修行最应该去做自己不喜欢的事情，做之前有顽固偏见的事情。目前来讲，自我节制和约束这一招，显然已经不合适了。为了特立独行而去独行，为了不世俗而去刻意抗争，只会让自己更加"我执"。

当我放弃无知的定义，当我的内心对这个世界完全开放的时候，才能真正了解自己，而不是刻意塑造一个自己。

现在的我，说得最多的话就是"好啊好啊"。我之前从来没有想象过自己会像今天这样。这不单没有让我失去自我价值，反而给生活打开了更多窗口，给自己更多的舒适空间。

周围的环境，人与人之间的相处，突然之间那么和谐，那么平和。因为你对大家的接纳，会换来大家对你的厚爱，甚至不能用好来形容，而是一种恩宠。这一切都源于主动打破束缚在自己心灵上的偏见。给自己松绑，才能看到更宽广的世界。

当放弃习惯性定论和偏见，对这个世界敞开心扉的时候，心突然像获得刑满释放。只有把“我执”彻底摧毁，对这个世界没有评判，心才能被释放出来，生活在感动之中，散发出爱的能量。

一个真正有智慧的人，必定具备一颗开放的心，因为他不可能让自己错过任何一次学习机会。这才是真正的智慧。

一个真正的慈悲者，必定接受一切处境，顺应一切生命，因为他对任何生命没有要求。这才是真正的慈悲！

所谓灵魂伴侣

你身边的这个人
你将遇见的那个人
其实都是你的灵魂伴侣
如何经营好这段关系
看起来是两个人的事情
其实是一个自我成长的机会

人们总渴望遇到所谓灵魂伴侣，那么你是否了解自己的灵魂呢？不了解自己，又为什么渴求遇到灵魂伴侣？

有句话叫“不忘初心，方得始终”，那么我们对感情的初心是什么呢？众所周知，当然是为了幸福。然而我们在生活中所做的每一件事情，有过的每一个念头，真的是为了幸福吗？

生活是一个中性词，因为生活是由自己创造出来的。同样的事情，不同的人创造出不同的结果。

我们总会定义一件事，家庭是和睦的，爱情是幸福的，工作是挣钱的。可是这都是我们需要努力的方向，并不是说幸福、和睦、富足，你选择了就一定会得到。而是需要通过这场选择，开启一场课程，让我们在这场选择中努力成长，来达到幸福、和睦、富足的目的。

大多数人的通病是，一旦与亲密关系相处，就变得特别没有自我，让本来无忧无虑的自己，总是纠结于对方爱不爱自己，对方是不是真的理解自己。好像自己的生命只剩下紧紧盯着对方，活在各种各样的情绪里，为一些虚无的、并没有发生的事情所困扰着、担心着，处心积虑想着怎么和对方关系更好。

这难道是你所说的美好感情吗？

当初你的性格、你的独特吸引了对方，如果在一起以后就失去自己，变成试图控制对方的人，变成围着对方团团转的人，这样的相处方式想必是个陷阱。

不要把爱当成理所当然，也不要觉得自己被爱着，就理所当然地要求对方。爱一旦变成了索取，就失去了本身的意义。

很多人容易困惑：和爱的人在一起，要怎么样才好？唯一的答案是，发自内心最好。如果你求一个什么样的回馈，你一定会失望，因为结果总不会是自己预想的那样。

有时候，我们因为自己付出太多而觉得委屈。那么想想看，自己每次付出的背后，是不是有一个渴求的潜意识呢？

遇到任何问题，不妨停下来看看自己的心，究竟为什么会这样做？内在究竟是什么样的声音呢？是不是早已与纯真的爱背道而驰了呢？

有的人会问，那究竟怎么样才好呢？其实这并没有标准。无论是书上还是网络上，那些教你如何吸引对方，如何变得有魅力的方法，都只是一种表象。问题是，你求来以后如何拥有呢？这一点谁能教你呢？

唯一的答案是，要了解自己的心，保持自己的最佳状态，而不是一旦陷入感情就失去自我。

爱情、学习、工作、爱好，都是生命中需要平衡的事情。曾经那样美好的你，遇到今天的爱人。你如果一恋爱就丢掉自己，完全活在亲密关系里，那么你就变了，变得不再丰富多彩了。

有时候不要总责怪对方不爱自己，不关心自己。要去看看想想，眼前这样的自己，这样一个人，可爱吗？你愿意和这样一个人相处吗？

与其要求对方，与其渴求什么样的生活，不如变成自己喜欢的样子，你的样子就是你生活的状态。

纵然使尽浑身解数，让感情确定下来。然而，如何相处才是真正要面对的问题。

爱情是一个激情的开始。就好像你对某件事情感兴趣，但是如何长久，如何掌握好某个知识，是需要学习的，然后在这个学习过程中逐渐成长。

一个东西、一件事情就需要我们付出这么多，何况是让我们魂牵梦绕的爱情呢？它一样需要我们学会经营，不是使蛮力就能得来的。

有人说，如果你知道自己想要的另一半的具体样子，那个人就会出现。

其实，这也是了解自己的一个过程。你会爱上什么样的人，和你的性格、内心状态有关。

然而为什么会形成这样的性格，让自己走不出这样的迷局，甚至总是在这样的问题上纠结，更有人几乎每一场感情都会重复一种痛苦呢?

这些问题，都是我们需要探讨的感情问题的根本源头。

我们拼尽所有，想要征服对方。或许倾尽一生才发现，所有敌人，所有想要征服的，只不过是自己的心。

当我们非常害怕时，那些我们排斥的、躲藏的事，那些我们讨厌的样子，那些我们不想面对的生活，竟然越来越被自己表现得淋漓尽致。所以，是时候好好审视自己了。

回想一下，我们所有的快乐都在那时的当下。

小时候和家人伙伴一起玩的愉悦，和爱人初遇四目相对的脸红心跳，哪怕是你跑步时的大汗淋漓，都是当下的快乐。

注目于花瓣树叶，看着蚂蚁小鸟，抱着呼呼打盹的猫咪，都是当下的美好。

所以，我们大部分时间感觉不快乐，就是因为不在当下了。

只有在生活中保持美好，保持进步的状态，我们才可以相互吸引。我们不怕改变，因为人活着必定会改变，只不过你可以变得越来越美好。你也可以和爱人一起变得更加美好，去看到生活中更多美好的东西。

很多人分开，基本上是因为成长不在一个频率了。

我们都无法保证一辈子在一起，即便是一辈子也会有生死离别。我们无法控制无常，唯一能控制的就是自己的心。两个人在一起的时光，是人生中彼此收获的时光。

当你足够了解自己，当你认识到与亲密的人相处其实就是与自己的心相处时，你会发现你身边的这个人，你将遇见的那个人，其实都是你的灵魂伴侣。如何经营好这段关系，看起来是两个人的事情，其实是一个自我成长的机会。

尊重自己的身心

懂事不是默默忍耐
也不是独自承担
而是越来越能「读懂世事」
学着如何去爱
也学着如何感受到爱

倘若问我，这些年来最大的收获是什么？我想我会脱口而出：是心态。

我越来越能够安静下来，感受到一杯茶、一抹阳光给自己带来的喜悦。

生活没有把我变得更快，反而使我变得越来越缓慢。风景也好，花花草草也好，人与人之间的关系也好，都使我能观察到生活中更多微妙有趣的细节。

岁月带来的，不是越来越无可奈何，而是越来越有勇气做自己。

不必再去证明什么是对，什么是强大，而是珍惜每一个当下，让自己活成自己喜欢的样子，不偏不倚地遵从自己的真正感受。

当意识到这些之后，一天好似一生，一生也一如这当下的每一刻。

去扮演好自己的角色，不妄想，也不失职；不狂妄，也不失志。做自己，也尊重任何不同的存在。

你想与什么样的人交朋友，就要把自己活成什么样。静静做好自己的事情，遵从能够让自己自然放松的状态，缘分也就这样自然流动起来。

人们常说要懂事。什么是懂事？我想，懂事不是默默忍耐，也不是独自承担，而是越来越能“读懂世事”。学着如何去爱，也学着如何感受到爱。

接纳别人，并不代表一定要改变自己。不接纳他人，也犯不着让自己在心里较劲。

你只需要知道要做的是什么，是否做得足够认真，是否真的是你想要的选择。除此以外又有什么所谓？

每个人的态度，都有他自己的合理性，好和坏，优点和缺点都是相对的。因为每个人的内在，或许连他自己都没搞懂，你又何必去纠正别人。

你选择了目的地，就接受这路上的风景。你选择在什么圈子和层面生活，就不要在别的圈子浪费时间。

人生最重要的是明白自己要去哪里，这是目标，也是修行所讲的发愿。

记得有段时间，我对自己实施了“断舍离”，像是自己生命周期的一次革命，从外在开始，向内洁净。

无论在物质层面、人际关系，还是精神层面，对于所有和自己无关的、自己并不需要的、让自己不自在的事情，都不要再浪费时间和精力。

后来想想，这就像修行所讲的“持戒”，因为你有自己想到达的目标，所以让这样的规范来保护自己一路向前。

这样的过程，就好像是给自己修了一座桥，体会到彼岸的美好，就再也回不去了。因为身心和谐，遵从自己的那一刻，实在是太美好了。

你会发现，你担心的问题其实并非真的存在。他人太多的意见和看法，其实并不会真的在你的生活中变为现实。

当自己从内在升起力量时，你所做的任何决定都应按照自己的想法、自己的步骤，开启有条不紊的人生。你不去追求独特，便是独特。最自然的时候，就是最有魅力的时候。

人们总是时不时被突如其来的情绪所羁绊。那么情绪是什么？它是内在的认知所引起的波动。就像心理学所讲的 ABC 法则，A 是问题的诱因，B 是对问题的认知，C 才是结果。生活中的大多数事情没有标准答案，只有你所认为的因果。

因此我常说，没有办不成的事情，只有办不成事情的人。

情绪降临，都是触景生情的撩拨。或许只需要对自己说“别担心，别害怕，一切都会过去”，不停重复，等情绪的巨浪平息。就这样经历几次冲浪，识破恐惧背后的假象，才会掀开新的一页。

有时候我们并不是困难重重，找不到前进的方向，而是缺少站起来的勇气。

我们不可能一步走到目的地，只要站起来，就会离目标近一点。

谁都会累，谁都会有情绪，然而这正是我们认识自己的机会，也是让自己进步的机会。

在情绪和困难面前，我们允许自己的身心休息和调整，这是一个自然而然的阶段。就像每次瑜伽过后的休息术，我会完全让自己放松，但是五分钟后，身体会像充满电一样突然醒来。

尊重自己的身心，休息也好，停顿也罢，有情绪也好，这都是身心自然而然的流淌。接纳自己的身心，才是当下最好的修行。

每个人都想活得精彩,能走到最后的,一定是面对自己的选择，坚持而勇敢的人。

选择了与众不同的活法，那么就必须接受他人以与众不同的眼光来看你。

没有不疼痛的成长，只要是朝着自己的目标，变成自己喜欢的样子，任何挑战都是值得的。

耕耘心中那亩田

真正的艺术
就是面对生活的态度
这一生如何呈现
是我最重要的作品

激情和即兴，是一种美好。

用心感受岁月给自己带来的变化，也是另一种美好。

很多事情曾经真的不懂，过了好多年，突然间才开始理解。

年纪越来越大，不是自己变了，而是混得久了自然看得更多。

记得曾经有个比我大十几岁的朋友，总是劝我踏实下来，不要做艺术了，去工作吧。因为我是性情中人，很重朋友，所以时不时会想起他的话，虽然我从没有兑现过。

过了很多年，突然间回想起来，他比我大那么多，我当年刚刚二十出头，凭什么不去想做什么就做什么呢？活着有什么失败和成功之别呢？尽情去经历自己想做的一切，这本身就活得很值嘛。

直到快三十岁的时候，我开始渐渐感受到不变的美好。

那个从小放学回家，每次都要开辟不同路线的我，如今总去同一家饭店吃同一种菜，总是去同一个咖啡馆要同一款热饮，甚至和服务员或者老板混熟后，有什么新口味，他们还会送给我尝尝。

然而如今的我也是经历了各种各样的变化以后，才会真正愿意放慢脚步，体会另外一种生活状态。

这就是生命的美好。什么时候开花，什么时候落叶，都是一个自然而然的过程。

有时候我会试想，假如我有了孩子，我一定会告诉他，去做你想做的一切。

生命是有限的几十年,说短也不短,足以让我们经历很多事情。

说长，也并不是很长，所以总归要落地生根，定下心耕耘自己的那亩心田。

定下心不是停滞不前，不再有热情和好奇。而是只有当真正定下心时，你才可以看到曾经在快节奏行走中，在瞎蒙乱撞中，无法看到的另外一种美好。

我们可以让自己不停追逐，不停进步。然而只有认识自己，了解自己，才是真正修心的开始。

从小以来，我就是坐着不动，也会被视为特例，显得格格不入。

叛逆、另类以及后来具有新含义的“奇葩”，这样的评价总伴随着我的生活。

有一天，我学着观察周围的人，甚至想办法和大家一样，却总是搞砸。我越是活得不像自己，就越是糟糕。

怎么样活着都会有异样的声音，然而人最有价值的地方就是接纳自己。

出格就出格，怪癖就怪癖，自然而然地做自己，有什么不可以？何必对自己过度暴力？何必担心太多？

生命中最大的勇气就是接纳自己，最大的折磨就是不敢面对自己。

记得去年一次瑜伽考试，老师说我答的理论卷子太另类，且引起争议。

因为全部都对，却全是自己的理解，和书上印的不一样，所以分低。

十五年过去了，我依然如此。记得高中退学的时候，班主任说："如果我只教你一个人，你什么都对，可是我面对的是六十个学生……"

那年我退学了，班主任也辞职了，她也要去选择她喜欢的生活。

回想自己的前三十年，真的是不被丝毫约束的三十年。我有让自己自由成长的父母，身边的每一个朋友，还有自己的爱人，都很尊重我的一切选择。

首先一定是因为大家爱我，其次是因为我特别坚定，总是一根筋，说干什么，非做不可。以至于我全然经历了一切想经历的人生，看到了一切该看到的结果。

我跑得太快，就像脱缰的马，总是浅尝辄止，刚有一个结果，就马上想继续上路，总觉得远方和未知才迷人，总觉得独辟蹊径才舒坦。无论对于哪一种行为和思维，我总在想着如何别具一格。

后来我开始剖析自己，发现这样不停探索，看起来放浪不羁，其实并不是彻底的真我。

我从小不穿校服，上班不穿工装，搞摇滚乐的时候却穿着白衬衫工作服；再后来是白衣飘飘的粗布麻衣；再后来纠结买不到衣服，总是自己设计衣服；再后来买各种瑜伽服；再后来继续找新风格……

殊不知，这占用了大量的时间和精力。

就是因为自己的状态一直在变，不同的心就装不下过去的衣服。然而，这有什么好执着、好证明的呢？

记得前段时间，我买了一堆衣服，全部退掉了。

这次试衣服的时候，试都试不动了，心中突然有个声音告诉我“够了够了”。我自己竟然笑出声，觉得很可笑。

这样无止境地探索求新，最后是无法再探索。因为世界上就那几种样式，看来是该返璞归真的时候了，回到自己的内在。

这么多年不停变化，不停寻找，我都是为了把自己送回家，送到自己内在的这个家中，遇到真正的自己。

省下来的时间和金钱，可以去看大海，去旅行，去分享美好，去做更多有意思的事情。

对于生活和事业来讲，不是为了去做一切新鲜事而去探索一切。

是时候学会经营自己的时间和精力了，找到做什么事情可以滋养身心，给自己带来平衡的能量。

脑子转得太快，身体和情绪就会失控，这并不是什么聪明事。

因为修行和瑜伽都是为了平衡身心和控制头脑的波动。大脑是没有边际、无穷无尽的，然而身体和现实却有极限。必须得想，想了就去行动，让头脑和身体行为一致，去解决正在发生的问题。

没人告诉你，七岁的时候你会跃跃欲试，十四岁时你会叛逆，二十一岁时你会踌躇，二十八岁时你会迷茫。然而冲过去，就是这大半生的方向。

让一切自然发生，只要抱着一颗自觉自省的心，总会发现一切都是该发生的，你就是在这样一点一滴中慢慢成长的。只要你足够坚持，你终将活成你想活的样子。

如果说三十岁之前是不停探索和勇敢发现，那么我做到了。

三十岁后，就是学会经营、控制和平衡生活。

因为生命并非无限，任何人都终究会退场，离开这个世界。

自己懂得只是聪明，把自己的能力和美好，用恰当方式分享给家人、朋友乃至社会上更多有需要的人，才是真正的智慧。

岁月如流星般划过，在这刹那间好好活着，就是对生命的敬意。

真正的艺术，就是面对生活的态度。这一生如何呈现，是我最重要的作品。

活得简单而自然

对每个人而言
真正的职责只有一个
找到自我
然后在心中坚守一生
全心全意，永不停息

拿了一个新本子，放在书桌上，以便随时记录创作灵感。

这几年，用了很多不同的本子，总没有用完过。等下次再用的时候，也总想开一个新本子。

再后来，用的本子多了，每次想记录一下的时候，不知道用哪个本子，有时候就写在纸片上。再后来就作罢不写了，或者随手记在手机记事本上。

或许这都是一种自我对话的仪式，总想给自己一个新的开始。

每月的第一天，每星期的第一天，或者说新的一年，我们都会赋予它一些特殊意义，给自己一个新的希望。

想想在十几岁的时候，我应该用完了大概不下二十个本子，总是慢慢地写完一本又一本。那个时候，手机没有这么多功能，也没有笔记本电脑，只有一个随身带着的小本子。

人们选择的方式多了，可能性多了，却会散乱起来。

把握不好，就会变得招架不住，劳而无功。那么如何把握好呢？唯一的方法就是控制自己的浮躁，尊重自己的心，安排自己的生活。

比如想要做一件事，最好等考虑得十分清楚之后再去做。

这些年写的大多数文章，其实都是记录生活感悟——全然去体会生活，提炼出来一些方法和感受，用文字记录下来。

我的确很少写故事，这并不是因为没有发生过什么故事，只不过我的关注点大多是生活给我带来了什么。我总是在反思，在总结经验。

过去的生命总是强调“进步”“精进”“改变”，还有一种美好，就是很勇敢地看见自己的心，很舒展地呈现自己最真实的状态。

事实上，并没有不好的状态和绝对错误的经历。我们走的每一步都是当下自己做的决定，我们只是经历了自己选择看到的生活。

凡事过犹不及，对任何事物不要过度执着，哪怕是所谓“好”，都是一种执念。

这就像满载财宝的飞机，总要降落下来，把机舱里的财宝都用到该用的地方。如果一直找不到合适的地方降落，一直在空中盘旋，这又有什么意义呢？

人如果总是无法定性，就会像飞机总是悬在空中，无法降落。

生命是有限的，而我们的思维却是无限的。

想降落的时候，不要犹豫，就地降落，也是一种新的体验。

记得我曾经问过方励老师：“别人总说我，总是去做不同的事而不持之以恒，我该怎么办呢？”

方老师说：“这是你的人生嘛，你的人生就是去体验不同的事，这没什么不妥。”

什么时候降落，什么时候飞行，什么时候转变航线，都没有唯一的标准。如果非要找个标准，无非是自己是否认可这样的生活。所有的答案都在自己心里。

我曾体会过随心所欲的状态，在二十一岁之前，想做什么就去做。越是在那样随心所欲的状态中，越是能持之以恒做一些事情。不考虑后果，不考虑得失，不考虑时机是否成熟，是那分热情让自己有勇气面对一切。

周围的人会惊叹：“哎哟，好有行动力，好勇敢。”但是我自己却从来没有想过，只是迅速选择、迅速开始。

这样的热情，这样对生活的天然力量，胜于思前想后、太过教条塑造出来的状态。

即便是所谓精进、发心、发愿，失去了最本真的心，又何谈自由与真诚。

生命的经历，其实没有好的坏的，没有对的错的，只有发自内心的和被动的。

一旦开始克制自己，告诉自己怎么做才是好的，那样做不对，就会让生活突然变得极不自然，也很难行动起来。

身心的不合才会造成拖延、抑郁或是焦虑。如果你没有活得本真自然，又何谈对生活的尊重？

生命本来就是一场体验，不同的心念让自己看到不同的世界。人和人的不同，只是不同生命状态的呈现。

人们在成长的时候，总会提到“智慧”二字。

对自己的态度充满信心，又尊重和接纳周围的人和事情，这应该是健康心态最基本，也是最入门的人生智慧吧。

桀骜不驯的随心所欲，看起来放浪不羁，但并非真正自在，只算是敢于选择，敢于尝试。

总是以各种方式去规范自己、反省自己，虽然看起来是在进行所谓修行，但对我而言，那依然是一个成长中短暂的过程。

有的人很害怕衰老，其实越是年纪大，越有资格去发自内心地随性生活。只有真正了解自己，真实遇见自己，才能对自己的生活树立真正的信心，建立稳定的热情，活得简单而自然。

当一个作家，当一个音乐人，当一个律师，当一个演员……哪怕随便做点什么维持生活，无论任何事情都要全心全意地面对。因为正是这些事情让自己打发了此生的时间，在这样的过程中看到自己，看到世界。

然而，也不要过于陷进事情当中，因为最重要的不是达到什么目的，而是在这个过程中历练出我们对待生活的态度。

记得赫尔曼·黑塞写过这样一句话，我十分喜欢——“对每个人而言，真正的职责只有一个：找到自我，然后在心中坚守一生，全心全意，永不停息。”

做自己的好朋友

像呵护一粒种子一样
呵护自己的生命
有一天你会突然发现
曾经懂得的道理
不知不觉融入了生命

有人说，寂寞会让人发慌，孤独则是饱满的。

然而对于一个修行人来讲，就是在独处时，才更容易与自己的心对话。从而练就出无论何时何地，无论在人潮人海还是忙忙碌碌中，都能时刻和自己的心相处，能够觉察到自己，不停觉察着自己的心。让自己成为自己最好的朋友，又怎么会感到孤独？

因为足够了解自己的每一个念头，所以升起从内在发出的力量。

因为足够安住于每一个当下，所以自己的心不再因为时间、空间的变化而轻易受到影响。

如果只是一味独处，一天和一生又有什么区别？

有的人喜欢离群索居的修行，讨厌每日忙碌的工作和生活；有的人喜欢热闹，不喜欢在家待着。其实这两者没有本质区别，只是性格不同罢了。

喜欢这个，不喜欢那个，如此对立又何谈修行?

不选择——刻意选择就会有所期盼，有期盼就有失望。

不要求——有要求就会有拒绝，有拒绝就有痛苦。

不回避——自己种下的种子，无论现在结了什么果，都要勇敢面对。

说时似悟，对境生迷。我们需要他人，需要这个世界给我们了解自己的机会、成就自己的机会。无论发生什么，都是最好的修行时刻。一切事情的出现都是在检查自己的心，锻炼自己的心。

怀揣着一颗感恩的心，顺其自然经历一切。面对忙碌能够有条不紊地做好每一项工作，面对他人的怀疑和误解能够心平气和，面对孤独和寂寞仍然能够喜悦温暖。

修行就发生在当下，我们要学着克服自己觉得困难的事情，朝着自己发愿的方向一步步靠近，自然而然地发生、发展。

很多人总是满口“善良”“有益他人”“帮助他人”，但在没有具足真正智慧的时候，几乎没有人拥有全然地爱另一个生命的能力。有的只是不同程度的需要——需要做一个好人，需要得到他人的肯定。假若他人误解或者看不到你的好，你还会心生烦恼。

有时候所谓善良，其实是你认为的善良。有时候所谓对，也只是你认为的对。心中还有所求，就很难全面地看事情，这反而是一种执念。

渐渐地，当自己不再执着善，也不再对任何人有任何要求之时，心会突然间变得轻松。只管触摸着自己的真心，这才是修行的开始。

出现在你生命中的一切人和一切事情，都是为了让你找到自己的心。可以教给你的一切方法，都是先人圣贤的慈悲。

所谓出离心，就是站得越高、看得越远、内心的格局越大，就越能够放下对烦恼的执念。

修行就是这样，精进不是为了让你执着更多，抱着戒律上纲上线，勉强隐忍。而是看透事物的真相，便心甘情愿自然而然地放下。

很多人四处寻觅，渴望高人点拨，渴望有师父加持。

要知道，学习和供奉是两件事，结了缘分和真正行持也是两件事。这在学习任何宗教或文化中都行得通。

无论学什么，都要学习圣者、师者的智慧和他看待世界的心。修行的每一步，都是努力成为他那样，而不仅仅是礼拜、供养，渴望某个师父能替你实现什么。

何必寻求智慧，智慧就在你的心中。每一次痛苦来临，每一次迈不过的坎儿，都是让你能够进步的时刻。也正是这样的时刻，让你一点点靠近自己的彼岸。

越大的发愿，越大的志向，就要承载越大的考验。然而你不畏艰险走过的路，才是真正的经验，才是你取到的真经。

《金刚经》亦云："若以色见我，以音声求我，是人行邪道，不能见如来。"修心路上，只有心的体会，才是修行的真谛。

你立下的志愿就是此生的方向，要时时刻刻不畏无常、不畏生死。

你要相信，如果心足够坚定，就不会遇到任何障碍。因为一切苦难的显现都是为了成就这颗心。所有还会让自己痛苦的事情，都是需要反思的执着。

越是被你看作障碍的地方，你就越要珍惜，因为那正是你需要进步之处。

不用管别人怎么想，别人怎么对你，事情怎么发展，你只需管好自己的心，做好自己。这就是你真正应该做的，这就是事情最好的发展。

与此同时，你与外界任何人的关系都会变得简单，你会发现自己的心就是这个世界。

像呵护一粒种子一样呵护自己的生命，有一天你会突然发现，曾经懂得的道理，不知不觉融入了生命。再没有什么伟大还是渺小，世俗还是脱俗，这就是世界本来的样子。寂静而喜悦地珍惜每一段当下的时光，感恩而珍贵。

在千山万水之间

越专注自我
就会越狭隘
当面对自然时
我们就会被陡然间震撼
自己的情绪显得那么滑稽可笑

这段时间因为一些事情不知道如何开展，总是情不自禁地让自己陷入纠结。

庆幸的是，和过去相比，我现在面对生活的态度大有不同，遇到问题再也不会漫无边际地紧张害怕了。

无论发生什么，我都不会掉到事里，所有让自己不舒服的人也好，事情也罢，都正是自己需要进步的地方。无论遇到什么，内心都会对生命报以感恩。

一个心理咨询师也好，作家也罢，这样的人并非完美无缺，反而会有比一般人更多、更敏感的心灵体验。正因如此，我才会对他人报以爱与同理心。

也正是有这样的使命感，我才会在一次次生活的考验中坚强地走出来。生命的不同，关键在于面对困难时你会如何选择——

是逆流而上，还是随波逐流；是报以接纳和感激，还是怨声载道。一次次选择，涂写出你灵魂的颜色。

周围的朋友、读者总是把我当知心朋友，向我寻求心理的帮助。所以我必须在面对困难的时候选择坚强，尽快找到解决问题的方法。生命就像一场实验，你的目标是配比出幸福美好的药剂，不厌其烦地勇敢钻研下去。

所以所有的文字，所有治愈人心的心灵感触，都不是来自听谁说，也不是来自哪本教言汇集，而是来自真正的生活，来自坚定的信念。每一个字、每一句话，都是用心采集的花蜜。

记得那天，我正在思考这些问题的时候，看到一位读者留言，希望向我请教一些成长的问题。

与此同时，一个之前找我求助的咨客突然间打来电话，向我反馈他这段时间的改变。他现在已经走出来了，变得很开心。

这两件事出现在同一时间，很快让我从烦恼中清醒，从执着中回过神来。

我从来没有觉得自己帮助过谁，只不过此生有这样的缘分，可以把自己的体会写成文字，和更多有缘的人一起成长。

如果你把心灵进步当成目标，那么你和所有的人都是相互成就的关系。

就如师父所说："众生无数劫以来，以各种各样的形式成就我们，所以于情于理出于道义来讲，我们必须有助众生。"

前几天，有个朋友在很痛苦的时候选择去攀岩。

每天早晨开车一个小时，去附近的山里。

她说在岩壁上，你唯一相信的就是自己的双手，这感觉特别真实，一点都掺不了假。

刚开始双腿不停颤抖，后来慢慢习惯了。这是个确立自信的过程，这样的自信是自己给自己的。

大自然真的可以洗涤我们的心。

我们越专注自我，就会越狭隘。当面对自然时，我们就会被陡然间震撼，自己的情绪显得那么滑稽可笑。

那碧海蓝天、雄山巍峨，千万年亘古不变。

在千山万水之间，人的一生显得那么短暂，像一只从面前飘过的飞虫，只存在于刹那之间。

当内心真正安静下来之时，我们才会感受到自己的心跳，感受到身体每一部分的紧密连接。

你能感受到身体——我们心灵最亲密的朋友，这个使我们越来越强大的坛城道场。

你感受到了自己的身体，也感受到了整个自然。这是修行的最佳方式。

记得前些日子，我在北京郊外的山里写作，闲暇的时候会到山村里走走看看。

有天上午，农民大爷一边浇地，一边听收音机里的评书，自言自语地高兴着。

我主动过去帮忙，拉着皮管一排排地浇，思考着怎么浇得更好，他为什么不规划好路线，那样可以浇得更快。

农民大爷过来，他说我浇得不行，用锄头耙了一下让我看。原来我只浇湿了地皮，地底下还是干的。

每一个当下都是生活。正如那句诗：“若无闲事挂心头，便是人间好时节。”

浇地有浇地的方法，学会方法就是享受这个过程。没必要太快，也没必要太好，只需要有这个过程让身心快乐。

农民大爷说小麦是去年秋分种的，耐不住寒的被冻死了，耐得住寒的今年春天又长出来了。

二十四节气是古人为了休养生息，根据自然规律总结的，是中华文明最基本的文化和福报。然而在钢铁城市中，却成了高雅的需要拿钱来买的时尚。

这是个奇怪的时代，越骄傲的人其实内心越匮乏，越强大的人反而内心越柔软。

如果对自己的身心所需足够了解，又怎么会渴求得到他人的评判呢？

如果对世界足够慈悲，又怎么会评判他人的生活呢？

人们误以为生活只有一条路，挤破头皮也要跟上队伍，生怕错过了什么。

然而满是荒芜的土地，却到处都是你的路。

楚门的世界

我们趴在墙面上
就永远看不到整个墙壁上的画面
只有找到一个合适的角度和距离
才可以看到整幅画面

今天，我废寝忘食地研究了一天星宿命理，在这个过程中对应了身边人与人之间的关系，一次次地感慨原来如此，原来如此。

人与人之间哪有谁是谁非，全是自己的选择，是自己要面对的功课，这一切都是自己写出的命运。苦也好，乐也罢，只不过是一次次瓜熟蒂落的显现。

这些让我发自内心地对生命接纳和臣服。这并不是认命，只有看到真相，才能跳出这个局面。

一切喜怒哀乐，一切爱恨别离，只不过是内心的倒影；一切孰是孰非，也只是命运的重复。所有的念头都是自己长久以来的习惯，你对某人的态度也只是一种习惯。我们选择以这样的角度审视世界，而这并不是生命的本来面目。

人这一世浮生若梦，有时仰望满天星辰，心中会突然沉寂，喜悲都如宇宙消逝的尘埃。任何念头都不是真相，不是别人的真正想法。

在我们没有具足真正的智慧之前，我们永远活在自己的念头里面，一定要看到生命之轮的这场游戏。就像电影《楚门的世界》，我们的心如沉睡了一般，活在被安排好的世界中。

身体每天忙碌着，我们试图让自己更加美好，穿更漂亮的衣服，哪怕是整形也要让自己更加漂亮。然而我们的大脑，我们的灵魂，完全可以给你带来一个无限的世界，这不需要花费什么代价，只需要你的选择，只需要你那颗愿意醒来的心。

当你真正看到生命的真相时，你才有可能真正甘愿生出出离心，甘愿放下自己的执着，甘愿寻求解脱。

当你放下对眼前欲念的执着，去寻求证悟生命的智慧时，才真的开始了灵魂的生命之旅——这条真正通往自由的光明之路。

看到宿命，让我更加甘愿彻底从执念中出离，也很难再回到业力的痛苦当中。无论怎么样，我再也无法升起对外境的抱怨，以及对自我的执着。

种什么样的因，得什么样的果。发什么样的心，得什么样的缘。人世间就那样几种关系，过去如何，今朝亦如何，这就像是春种秋收一般的自然定律。

而今就算经历如旧，也不可能像过去那样痛苦。因为这本来只是业力缘分的成熟，仅此而已。所以当你看到这些时，眼前的一切恍然间没有男女，没有时间，没有空间，没有所谓突如其来的困境。

一切只是以最合适的形式，在最恰当的时候，呈现你在过去某个时刻种下的因、得到的果。

当你跳出内心的执着，站在一个新的高度去看这个世间之时，一切都只是一种业习的延续。当我们不具备出离心之时，生命的状态就像常言所说的“不识庐山真面目，只缘身在此山中”。

真正的出离心并不是淡漠一切，而是为了让你了解一切真相。离得太近，太过于执着自己的情绪，智慧就难以出现，你就会陷入痛苦当中。

如果我们趴在墙面上，就永远看不到整个墙壁上的画面，只有找到一个合适的角度和距离，才可以看到整幅画面。

你会发现，一个人只不过显现出内心，就会突然间和周围的人、周围的环境变得和谐起来。生命就像一场自编自演的舞台剧，自己写好的剧本，怎么样也要演完。

看到自己的命运，只是为了让你彻底升起出离心，让你心甘情愿地彻底放下“我执”。只有从内心真正流露出纯粹的爱，你才会化解生命中一切艰难险阻。

那么就不要在意任何评价。赞美也好，否认也罢，敷衍也好，中肯也罢，再怎么评价，也只是别人对你的判断，这些都不一定是真正的你。你是一个什么样的人，你的所长和不足在哪里，应当是自己最为明白。

触摸着自己的心，做你自己，面对真实的自己。

至于周围的环境和人，无论任何状况，我们都不必评判太多，只需平静地说“好的，好的，可以，可以”。当我们不情愿的时候，也可以从容地说“我不愿意”。

这并不是迁就，而是对自己负责，对他人尊重，不再需要向他人证明自己的价值。看似柔软的你，其实正在真正体验顺其自然的智慧，并且在这样的顺其自然当中发现自己的心，完善自己的心。这也正是内心强大的过程。

我们不用去选择，不用去面对，只需顺势而为，在这个过程中了解自己的心，面对自己的心。

如果世间的呈现都是无债不来、无缘不聚的话，那么如此柔软地接纳自己的心，也正是在解决所有的业力。只有看到自己，接纳自己，才会自然地与自己和世界和谐共处。

在雨中漫步，在风中歌唱，在世间穿梭，在爱中行走。

自己看起来越发从容，内心却越来越容易被感动。

越能看透事情的本来面貌，就越能保持内心的宁静，越能轻易放下很多执念。

放下的是对欲望的执着，所以爱才能越来越纯粹。纯粹的爱没有任何渴求，不必得到肯定，也无须刻意追寻，更无所谓时间或空间。心一直在爱中，爱也自然是自己的心。

智慧就是洞察事物的真相，不被事情的表象所迷惑。有心理学基础的人，能通过情绪和行为的表象，看到他人或自己真正的内在所需。即便不懂如何分析，修行所讲的“爱与慈悲”依然是生活的万能钥匙。

生活中遇到的任何问题，都可以在自己心中找到答案。这是因为你心中装着什么，就会看到什么样的世界。

第二章

如是·观心

我站在这里，像回到了本来就要到达的地方。

这红墙灰瓦，高耸的屋檐，宁静的石雕。

似穿越了千百万年，又像是一刹那从未离开。

我试图让战栗的汗毛平复，

只为分辨这是真正的记忆，还是内心的倒影。

或许灵魂的本身，只是一场倒影呢？

这时耳边响起那个声音：

“人生只是一念，其实一动未动。”

记忆，被日出日落，渐渐唤醒。

对面的灯塔，总在傍晚时闪烁，夜深人静时熄灭。

我就远远地望着它，一天又一天过去了。

有何不同，又有何相同？

没有绝对的失去和拥有

一切都是唯心所见
眼前看到的
能让自己起心动念的执着
都只是不愿面对的自己

自由也好，洒脱也罢，放下也好，贪恋也罢，统统一字排开，你选择什么，就会活成什么样子。

洒脱有洒脱需要承担的责任，贪婪有贪婪需要经受的煎熬。

人总会活成自己选择的那样，即便你说无从选择，那也是自己的选择。

执着善，执着恶，都是执着。

能管住自己，止息自己的烦恼，这算是一种很大的福报了。

当我们心生烦恼时，其实就已经意识到自己的心已经被外界干扰，我们要做的唯有控制自己的心念。可以看看自己的内在究竟隐藏着什么声音，而不是继续被杂念越带越远。

反观自己的心，在烦恼升起的时候，抓住了解自己的机会。

若只是心里委屈求他人帮助，或者陷在情绪中无法自拔，生活会越来越苦。

破除烦恼的答案不在外面，不在他人口中。你必须自己找到答案，精进不一定会有智慧，不精进一定生不出智慧。所有的智慧，都在我们勇敢的实践中一点点增长。

摆脱烦恼的智慧，在于你一次次反问自己、了解自己，勇敢地去揭开内在的秘密，让自己不再重复同一种困惑。

控制头脑的波动有很多种方法，比如不间断持咒、呼吸法、瑜伽……这样的形式是为了保持寂静，练习身心合一的安住。时间久了，习惯了这样的状态，就能串联在日常生活中。

这是一个从量变到质变的过程，亦是一个净化自己内在的过程。当痛苦再次来临，我就这样看着它发生、发展，不再把我带走。

要做的就是时刻让自己的心安住，一直到自己的心完全安住了。这才是真正的修行。

一切都是唯心所见，眼前看到的，能让自己起心动念的执着，都只是不愿面对的自己。

现实的不完美，只是为了看到此时此刻的自己，看到你的内心究竟发生了什么。

在每次心念面前，你的抉择都会决定你的生命所到达的方向。

生命中没有绝对的失去和拥有，只有修行上的进步才是真正不再往复的幸福之旅。

只因众生幻梦多

真正的智慧是真真切切的方法
有价值有作用
能给众人带来温暖和进步
并不是夸夸其谈
让人听了叹为观止

一个真正的灵魂导师，是用简单的方式给他人力量的人。

那个让你觉得神圣的人，你是否从他那里获得了力量？

大多数人喜欢找高深莫测、口若悬河的师父，以为看不见摸不着是修为高深有智慧。只看对方的名气是不是大，是不是有什么不得了的履历，甚至是不是卜卦卜得准，是不是说了多少玄之又玄让人似懂非懂的话。

我想如果以此来判断师父，要么就是盲目，要么就确实不是为了修心，而是另有所图。

这并不是说假灵魂导师、假大师太多，而是人们的想象力太丰富，心中的执着妄想太多。是你的想象力把那些人搞得出神入化，是你的执着妄想让那些人得以利用凡夫愚昧的心达到自己的目的。

如果不是自己的心更明白更有力量,反而会越学越背道而驰。

你在干什么呢? 修行是为了心的自由,还是成为欲望的傀儡?

内心渴望什么，执着什么，才会刻意扮演成什么样子，穿上什么样的外衣。

所谓文化人，所谓修行人，说话满口套路，张口闭口这忌讳那规矩。

明白人总是少数，大部分人见到这样的人，肯定乍一看都以为是大师，一定厉害得不得了。

殊不知这些能让人乍一看辨识度就很高的外在打扮，或许只是行走江湖的行头，一种谋生之道罢了。

如果真的内心强大,用得着刷存在感,让别人觉得多了不起吗?

或许是内在的匮乏感，使得自己要表现得与众不同，是个修得还不错的人，这样才能愉快地聊天。

如果这种人真的是你的导师,你又从他身上获得了什么进步呢?

对方懂得再多，再玄之又玄，跟你的生活有什么关系呢?

玄之又玄，如果只是玄，又有什么意义呢? 唯一的意义就是收获了一些人的崇拜,收获了一些权益。这又与修行有何关系呢?

不但对于大师，对于任何人来说，最重要的是德行，即所谓发心是否心怀慈爱。

知识是开放的,想学什么,想了解什么学问,图书馆查查就是,哪怕百度一下。

唯独一个人的德行是最为可贵的,是值得尊重和当作榜样的。

懂得再多，德行不高，无非是个大忽悠。

追求知识和精进修行，是为了滋养身心，让人生更加喜悦，而不是当谁的崇拜者。别人懂得再多，与你何干？执迷不悟的话，无外乎要么愚痴，要么另有所求。

我们要明白，所有的知识和传授知识的灵魂导师都是指月的手，都是爬山时供你使用的不同工具。说白了就好比玩角色扮演游戏捡了个装备。

不是听哪位大师说得多好，而是看他做得如何。不是你耳朵听得多过瘾，而是看你真正受益、收获了多少。

如果把心比作玻璃窗，真正的师者就是洗涤心尘的方法，可也需要你亲手擦去窗上的灰尘。当阳光照射进来时，你就能看到如画的风景，因为你的心本来就是透明的！

你是修行正道，还是成为自己心魔欲望的傀儡？

修行是“心性”的体验，你的生命究竟发生着什么，只有放下执着才能明白。

用世俗的偏见，永远无法获得灵魂的觉悟。

最朴实、最真实、最方便善巧，能够让你有所得、有所悟的才是真正的智慧。

真正心怀慈爱的智者根本不需要你的发现、赞美和认可，你用自己的心也许根本体会不到他的修为，可你会在他身边悄然进步，甚至过后才发现他的恩德。

真正的智慧是真真切切的方法，有价值有作用，能给众人带来温暖和进步，并不是夸夸其谈，让人听了叹为观止。

用别人接受的方式表达自己的思想，是潜移默化的引导，而不是说教似的灌输。

在非常神通广大的大师开光加持和靠自己踏踏实实勇敢去做之间选择，我一定会选择后者。

如果对自己的人生怀疑担心，那是你根本没有准备充分。

倘若自己脚踏实地付出，十分了解自己，那就根本不会到处向他人打听，也不会求得谁的安慰才心安。

到处求加持求保佑，跑得再远，见得再多，都和你的修心没有太多关系。

不是谁能给你指条路，给你一个结果，你只是需要一个坚定的信念，然后还得自己脚踏实地去走。

天地为师，自然为道，万物为亲。真正的智慧和道法既不高深莫测，也不难以捉摸。真正的师者是连接你与自然的桥梁，他能助你打开心门的通道，让你看到生命的本来面目。

当你真心想进步，内心有着至纯至净的愿望之时，你一定会遇到指引你的师者。

越真实，越无所畏惧

如此投入
如此热情地面对生命
触摸着自己的心
一步步往前走

对于想要做的事情，我很少会预想困难，哪怕对于资金和人际，我也很少去考虑。面对任何选择，心中最需要想清楚的是“要不要做，做这个事情是为了什么”。

生命本来就是一场由心幻化的游戏，就是没有，才要去创造。如果这件事有足够的价值、足够的意义，那么就去行动，这才是成长的机会。

面对内心的修行，我已然保持这样的态度。

不求玄秘，不求崇高，更不求任何世间的功名利禄，只是坚定地发愿，观察自己的初心。想做一件什么事情，去做就是了。

心底越真实纯粹，就越无所畏惧。

能够做自己选择、热爱的事情，就满怀感激只管往前走。这也许和我骨子里的那分纯粹有关，做什么就是什么，一点也容不得夹杂其他。

事业不夹杂情绪，感情不夹杂得失，爱好不夹杂利益。

修心就是为了找到自性，做事业必定是为了自利利他。我想谈利他都有些矫情，因为没有生命中每一个让我起心动念的对境，哪有我修行的进步。

或许这歪打正着了“不求而得”，也歪打正着了“应无所住，而生其心”。

此生时至今日，就是要如此投入、如此热情地面对生命，触摸着自己的心，一步步往前走。

因为对自己真诚，我能够时刻觉知自己的心，以至于也总能洞察周围人的心。所以很多人虽是初次见面，会情不自禁地向我吐露出内心深处的故事。

真正的老师也好，教导也罢，不是为了让人更加相信外在的力量，而是为了一起探寻自己内在的力量，信赖自己内在的力量。

由于更加信赖自己，所以可以信任他人。

我记录下来的每一个字、每一段话，都是我以血肉之躯换来的生命光芒，如此温柔地觉醒着。

此生说长并不长，但是足够你去做好一件事。

功名利禄本身没有是非好坏，问题是你追求这些是为了什么？爱情亲情友情，依然是中性词，你又如何面对这些？

我们如此忙碌，如此拼搏，如此坚持，究竟是为了什么？这才是最需要想清楚的。

此生，要搞懂自己生命存在的意义，你为何而来？为何而生？再变幻的时代，再大的风起云涌，一切事情都没有研究自己来得实在。

为何人总是在经历过大风大浪后才变得从容，更愿意贴近自己的心而活？或许也是这样的经历，才让我们内心的潜在能量真正爆发。

苦难使我们成长，不要怕失去任何东西。真正的一无所有，才换来了真正拥抱自己的心。

真正的福报

一个人拥有时间
而且能驾驭自己的时间
想做什么做什么
这才是真正的福报

曾经有几位朋友围着一位出家师父,共同探讨什么是有福报。

有人说拥有很多钱，有人说长寿，有人说有很大的权力，还有人说长得漂亮或有才华……

最后师父说道：“世间的大福报是身心自由，想做什么都没有阻碍，想去哪里随时能动身。”

现实生活中,大多数人总是声称自己忙,甚至带有一些炫耀性,恨不得告诉全世界自己永远在开会，永远在出席各种活动。殊不知这也是心理问题，是在为了体现自己的价值感，拼命刷存在感。

有个朋友曾讲过，她有段时间不知道每天该做什么，确实很迷茫。但是当别人问她最近在做什么时，她总要告诉别人自己在忙。越是闲，越是迷茫，越是不好意思承认自己无所事事。

后来她发现每个人都在说自己忙，究竟每个人都在忙什么呢？会不会也有人像她一样，每天迷茫发慌，却告诉别人自己忙。毫无疑问，不但有人会出现这种情况，甚至还不在少数。

似乎忙成了“我很有用”的标志，但都忙了些什么呢？为什么很少有人敢承认自己富足？无论是精神富足，还是经济富足。

那忙的结果又是什么呢？

很多人有自己的身份标签，哪个公司的高管，哪个学校的教授，哪个著名企业的职员。可是离开了那个标签，你又是什么呢？

很多人可能一年也难有几天属于自己的时间，去晒一晒午后的阳光，让自己气定神宁地喝一杯咖啡。

网络上也流传过这样的话：有时间陪孩子，陪家人，才是真正的富足。

正如师父所说的那样，一个人拥有时间，而且能驾驭自己的时间，想做什么做什么，这才是真正的福报。

倘若他人对你的重视仅仅取决于你当下在什么职位，当离开那个职位时，你却没有任何个人魅力，没人再跟你打交道。那真是一种没落和悲凉。

所以，有些人会那么在乎自己的那份工作，这是为了生活，也是为了那种被需要的价值感。

如果一个人抛开自己的职位、身份，就像出家人抛开那身袈裟，仍然还有个人魅力，这样的人一定是真的强大。无论他在哪里，去做什么，都会受到人们尊敬。

与其因为自己的社会标签而诚惶诚恐，不如花一些时间，想想如何修养自己的心。

内心匮乏的人，才会用冷漠和高傲的外表粉饰自己的空虚。越是内心强大、有修养的人，越是平易近人。因为真正拥有，所以无须证明。

任何人都不会总是顺风顺水，不是因为必须遭受挫折，而是当你完成了一个阶段的人生功课时，总会迎来新的课程。

人生也是在这样的过程中，不断变得成熟。

很多人生活和工作中的大多数痛苦，不是来自具体的某件事，而是因为摆脱不掉内在的那分焦虑和担心。

人生没有瓶颈期，只有成长期。即便你认为自己深陷迷茫，那也许不是迷茫，而是生命正在经历的一种状态。

我们可以休息，可以学习，可以闲下来看看曾经从来没有观察过的生活，这也是一种美好。

无论做过什么，无论是位高权重还是功成名就，无论得到过什么，哪怕坐拥一切，哪怕人人都赞美你，可你是否身心富足、自由，如人饮水，冷暖自知呢？

追求世间的名利，勤奋一些，哪怕使用套路也好，手段也罢，换来的又是什么呢？获得身心的自由与喜悦，才是真正的福报。

你或许还在认为自己的不幸福是因为没有买到大房子，没有达到无人企及的成就，没有得到某个人。

假如永远得不到自己想要的呢？是不是心甘情愿一辈子痛苦

了呢？就这样悲剧一生吗？

再或许你已经得到了曾经想要获得的东西，甚至得到了比预想的还要好的生活条件。而如今，你幸福吗？快乐吗？

芸芸众生的心，像蒲公英，看起来自由自在，却是无奈。它没有根，没有方向，不能自控。风来了，被随意吹散到未知的地方。

那所说的风，就是我们的业力，我们的情绪。但好多人从来不反省，从来不去试图了解自己，只是被无常执念的风刮来刮去。

本以为爱情、房子、车子、地位可以让自己获得安全感，获得幸福。

得到这些以后，我们又害怕失去。拼死拼活地得到，又要诚惶诚恐地想办法维持或者想要得到更多。

这样看来，我们怎么一辈子都活在内心的颠沛流离当中了呢？

幸福度、价值感，无关于你是不是成功，因为成功没有一定的标准，人有不同的活法。当然也无关于得到了什么、别人怎么说。

在生命的旅途中，你的心装着什么，就会看到什么样的世界。

如果创造价值靠的是勤奋和聪明，那么拥有美好，靠的却是勇气和智慧。

爱要自然而然地流淌

很多事情很多人
都是匆匆过客
唯独自己的心
跟随自己一生
这是一场由内到外的体验

总是有人抱怨，自己对别人那么好，却换不来别人对自己的尊重。

为什么每一个人都有受害者情结，总觉得自己是最善良的那一个呢?

所有的一切，都说明一个问题：心中有所求才会有所缺漏。正应了那句“无欲则刚”。

有时候是因为自己心中的所求：希望自己做出什么样的姿态，来赢得他人对自己的认可，赢得他人对自己的重视，哪怕只是为了让别人认为你是个好人。

这都是内心的所求。当对方的表现和你预期的有差距时，你就会陷入痛苦。

这不算你真的发心纯正，也不算你真的内心强大。

善良和真实面前，我们宁可选择真实，然而真实却需要勇气。

《礼记·大学》中讲的格物、致知、诚意、正心、修身、齐家、治国、平天下。

禅悟所指的真诚、清净、平等、正觉、慈悲、看破、放下、自在、随缘。

其实都是一样由内而外的步骤，一样的道理。

格物致知与真诚清净，都扎根于我们的内在。

在任何事情面前，我们需要做的是看看自己的心，我们的起心动念、内心动机到底是什么呢?

一些有信仰的人会说，不是总强调要发心吗？发善心，无论怎么样，都要有利他心。

可你要知道，“修心”是修自己的心，一切修行的基础都是“真诚”。

如果连自己的心都看不见，又何谈修心？充其量是装装样子，让自己生忍、视而不见或者逃避。这样下去，总有一天要么身体出问题，要么精神出问题。不去面对的情绪，总会以另一种形式爆发。

修行也好，身心成长也好，第一步总归是真诚。你对自己真诚，才谈得上对他人真诚。

修行和成长，不是塑造自己的过程，而是了解自己、接纳自己的过程。

只有接纳自己，才会以开放的心态接纳整个世界。这样的爱，才会自然而然地流淌。

有人说："这个世道不缺智慧，人聪明过头了。世间缺少的是一颗慈悲的心。"

这句话，引起了很多人的共鸣，很多人都义愤填膺地觉得人心不古。可是，我却有另外的理解：一个人如何对待自己，就会如何对待这个世界。

我们缺少的慈悲，也是对自己的慈悲。哪怕是十恶不赦的人，他依然是被欲望牵引的傀儡，他对自己并不够慈悲。

找到身心的平衡，才是健康的生活态度。

哪怕拥有无尽的想象、数不清的奇思妙想、绝妙的禅机，都不算真本事。控制身心的波动，让自己身心和谐，才是真正的修行。

我们想交到什么样的朋友？想拥有什么样的生活？就要活成什么样。

修行不在某一个将来，而在每一个当下，每一次选择，特别是当我们起心动念时，我们要想好如何去做。

有句话说得简单而有力，那就是："所有杀不死你的，都会让你更强大。"

如果想活得强大，必然耐得住挫折和内心的孤独，直到形成自己的世界观。然后把这样的世界观当成自己的信仰，无论顺境还是逆境，无论独处还是交际，都不动摇。这样才是一种真正的自在洒脱。

你如何对待自己，他人就会如何对待你。

在修行的过程中，师父总会不断提到“信心”二字。

无论做人做事，动力一样都来自信心。

记得我小时候，总觉得自己不够灵活，不够聪明。初中时，我有个好朋友，她总是感慨我是个聪明人，学什么都特别快。后来我真的这样肯定自己，用这种态度对待自己。无论遇到什么事情，我都会认为自己一定没问题。

直到现在，大多数人在评价我时，竟然会说我是一个聪明有才华的人。

人们给自己戴枷锁，这个枷锁会阻碍自己的潜能迸发。

在自己还没有去做什么之前，它就会先限制住自己的行动。

很多时候，我们的问题不在于想得不够周到，而是想得太多，担心得太多。

所有为了证明什么而去做的执念，心中恐惧和担心的念头，都会耗掉你大半的精力，你还怎么全情投入呢?

人们总会感慨：年纪越大，越没有年轻时做事情的魄力。那是因为经历越多，畏惧担心就越多。一个人无所畏惧的时候，是最有力量的时候。

遇到困难没什么可怕，难的是对一件事持续保持热情。

无论做任何事情，唯有“时刻保持热情”是最可贵的。

我们的角色和年龄在不停变化，不断改变自己的一些态度和看法，这是很正常的一件事。但是，改变并不是否认曾经的自己，也不是因为生命中出现绊脚石，而对曾经热爱的事情选择逃避，再也不敢前进。

如果你所坚信的那么容易被挫折改变，那不能算挫折太大，只是你所坚信的东西并没有十足吸引你，你对自己的信心也并不坚定。

无论爱情、事业还是信仰，对自己的信心足以克服一切外在阻力。

此生短暂，没有什么能够阻拦你。很多事情、很多人都是匆匆过客，唯独自己的心跟随自己一生。这是一场由内到外的体验。

心灵的彼岸

如果
文化没有化掉迷茫
修行没有修掉执念
那么学的是什么

什么样的音乐都好听，什么样的花朵都美丽，什么样的生命都可爱，什么样的时光都是好时光。

相机拍得出美丽的画面，却复制不出温暖喜悦的心情。

心中的爱充满整个生命，就像一个随时张开的怀抱。

那个双子座的我，那个九型人格中“悲观浪漫型”的我，那个月亮星座中最敏感纠结的天秤座的我，在几年前根本就不会想到：生命可以如此轻松，如此从容，不需要依赖任何人，不需要依赖任何环境，就可以如此享受生活的每一秒。

总是能听到风的声音，感受空气的温度，觉知每一次心跳。血液在身体流转，云朵像秒针一样不停舞动。

这一切，让我每天如痴如醉。醒来也是梦，梦里还是梦，再也感受不到空间与时间，眼前的世界就是那样自然。

越往前走，世界越辽阔，也就越能够体会经典的真正意义、圣哲的慈悲为怀。

当你决心遵从自己的内在，让身心成长成为你唯一要走的路的时候，我相信上天已经为你安排好了一切。你只需要坚定的勇气和全然接纳的信心。

正如赫尔曼·黑塞在《悉达多》中所述："人对自己才是最残忍的。但是，人只应服从自己内心的声音，不屈从任何外力的驱使，并等待觉醒那一刻的到来，这才是善的和必要的行为，其他的一切均毫无意义。"

命运总是在不同的阶段对你哄着逗着，冷着晒着，骂着宠着。然而不要忘了，所有苦难与快乐，都是为了让你的灵魂获得进步。

只要内心的信心不退转，你越往前走，就越清晰；越清晰，就越喜悦。

记得师父曾经告诉我："当你看到世间芸芸众生的苦难时，其实不是众生很苦，因为一切众生都是来帮助你修行、帮助你成功的。"

是啊，人生的路上，我们遇到的所有风景、所有的人，无论发生了什么——痛苦过、爱过、哭过、笑过、相聚过、离别过，不都是撩动着我们这颗心吗？

这一世，其实就是借假修真。如果修心、做事业、相亲相爱，都是为了自己预想的一个结果，那么我们就已经偏离了自然而然的心，所经历的一切都会掉到执念的无明之中。

驻足回望，无论做什么，不都是为了让自己身心愉悦吗？

大概没有人的目标仅仅是一个结果、一个数字、一个外在的名誉。

即便是这些，你不还是以为获得了以后就能够让自己这颗心好过些吗？

那么，不是哪一天你才能安心，而是怀揣着“安心”上路，每一刻都可以安心。越是安心地去经历这些过程，你就越能充分发挥自己的力量。

如果，文化没有化掉迷茫，修行没有修掉执念，那么学的是什么？

所以，一切进步都是为了明心见性。对于生命中所有的无常，做到游刃有余的接纳，才是真的修行。

人们常说，修心人不算命。因为无论命是什么样的，结果都要按照自然之道去践行。只要发自内心去做，无论什么样的命运都会变成你想要的样子。

命运有千万种，人们的痛苦和难耐细细讲来也是千丝万缕。然而如何幸福？如何让自己更好？通往光明的路只有一条。

俗话说“但行好事，莫问前程”，在还没有到达心灵彼岸之时，无论遇到什么困难和诱惑，我们都要继续前行。

我们选择的这条路，会有崎岖，会有晴天雨天，这都很正常。然而我们只有面对这一路的艰难险阻，才能体会我们可以走得很慢，可以原地打转，可以哭泣，可以停到原地休息。但是我们要坚信，这只是生命中该经历的此时此刻。只要心中有坚定的信心，生命总会给你最适合的体验。

一呼一吸间的智慧

控制了自己的呼吸状态
就控制了头脑的波动
这是一个身心沟通的美妙过程
也是与自然最直接的沟通方式

生命，就是一呼一吸之间的过程。降临到世界的一刹那，伴随着一声啼哭，生命开始了第一次呼吸，直到终结。

记得我第一次觉察到呼吸，大概是在二十一岁那年。忽然有一天的某一个瞬间，我觉察到，天哪，自己的呼吸怎么那么浅，那么不顺畅！后来我开始刻意观察呼吸，每一次起心动念，任何情绪都会体现在呼吸的状态中。开心时、悲伤时、平静时、恐惧时，呼吸都会有不同的状态。

在后来的修行中，看到无论是禅宗的修行、道家的修行还是瑜伽习练，哪怕是我们学习声乐和书法，都会提到如何呼吸。

就拿瑜伽来说，再纷繁复杂的瑜伽体式，最终都是为了打开自己的身心，了解自己的身心，最终只是为了能够安住地流向一呼一吸之间。

这些年的修行，我会花更多时间在观察呼吸和练习呼吸上面。

当然，我有着探求自己和自我疗愈的经历，充分了解自己过后，发现很多内在意识只不过是自己对一些问题执念的认知，一如《金刚经》所云："如梦幻泡影。"过了刨根究底的阶段后，我变得无论有任何情绪和身体的波动，都不再探求潜意识和内在的根源，而是立刻回到呼吸上面。

有的人会提出没有时间练习呼吸。其实并不是没有时间，只是心静不下来。但就是因为静不下来，才需要这样的练习。再忙，怎么会没有时间"呼吸"？只要是生命，时时刻刻都在呼吸。

刚开始，并不需要找一个专门的时间盘腿打坐，并不一定要有模有样地坐在那里。哪怕你上厕所的时间，开车、等车、堵车、坐车的时间，放弃几分钟刷朋友圈的时间……但凡你开始观察自己的呼吸，你的心就会马上安静下来，才会有更专注的精力做你当下的工作。

控制了自己的呼吸状态，就控制了头脑的波动，这是一个身心沟通的美妙过程，也是与自然最直接的沟通方式。

呼吸的方法有很多种，甚至细分到在不同的身心状态下，如何对症地帮助自己。无论你是否有自己的信仰，是否在修行，为了让我们的身体更健康，精力更充沛，你都应当愿意花时间做这样的事情。

在起初的呼吸练习中，不必刻意追求呼吸的形式。在我们日常的修行中依然如此，不要刻意塑造自己。

不去追求呼吸的均匀，而是感受此时此刻的呼吸。

不去追求放松的感受，而是感知此刻身体的每一部分。

不去追求成功的结果，而是用心发现每一刻真实的自己。

静静地坐在这里，感受和觉知此时此刻发生的一切。

发现自己，接受真实的自己，这才是真正的修行态度，也是对自己的平等心、慈悲心的练习。

处于什么样的状态没有好坏之分，重要的是找到最真实的状态。不要首先对自己有所评价、有所隐藏。

修行，就是修正自己的行为。那么修行首先就要看见自己最真实的状态，这本身就是主动发现自己的过程。也是在这个过程中，我们要锻炼出自己的慈悲心与智慧。

在我心中，所有积极的信仰都是教人们如何获得身心自由。宗派的不同，只是通往自由的方式不同。就像是为了到达彼岸，无论划船还是游泳都可以。

禅不是一个名词，而是一种状态，能够了知一切事物本来面目的状态。所有经典都是圣人先贤的经验，他们用不同的方式、从不同的切入点来告诉后人：当你决心修行时，无论眼下遇到任何问题，总会有一种方法触动你。

修行和智慧不是空泛的道理，而是实践中的修习。只有去做、去实践，无法言喻的美妙才会在你的生命里悄然绽放。

从对世事无常的恐惧，到认识世界本身就是无常。从接纳无常，再到看破内心幻象的智慧，最终获得内心的那种喜悦自在。

信念会化作一位智者，始终指引着你的心勇往向前。

看着情绪慢慢消散

当我开始观察心中升起的感受时
便会静静体会当下的心情
不同的情绪
会给身体带来不同的变化

此时此刻，一切安好，微风徐徐，什么都安安静静，恰到好处。可是心中突然变得空荡荡的，有些思念，有些失落。这些又是从何而来呢？

这些没来由的感觉，像是徐徐的风，突然撩拨了心的寂静。但它们只是荡漾的风，很快出来，也会很快消失。

我很想知道，最初的内心情绪为何出现；又为何在我已经觉知的时候，仍旧会出现。

我能感受到思念，还会自然而然地幻想，总是做出并不是自己所期望的举动。

一面是理智，一面是感性；一面是节制，一面是习气。

心中一定有放不下的，所以还有幻想，还有迷恋。习气，并不是那么容易被真正去除。庆幸的是，我没有在任何一面里沉迷。

感性生，感性灭；习气生，习气灭。从最真实的我、最散漫的我，一步步慢慢靠近，像一天天被呵护成长的种子，像一滴滴汇聚成河的水。

一切都不会突然发生，突然出现。一切并没有突然失去，突然改变。因为一切本来就没有片刻静止过。

那就继续吧，让一切随缘发生，不再害怕和排斥，只是像看着天空飘动的云，香炉上随风舞动的烟。

有时候我还会时不时看手机是否有信息，还会查阅和搜索某些我牵挂着的人和事，也会浮想联翩。也正是因为这些，才让我看到了现阶段真正的自己。

不论这是好还是不好，哪怕是必然经历的体验，但我清楚地知道，此刻的我还是会有很多烦恼，只不过我能够分辨和觉知，那是假象不必执着。

我仍旧会在杂念升起的时候，感受到苦的滋味。当我开始观察心中升起的感受时，便会静静体会当下的心情。不同的情绪，会给身体带来不同的变化。

思念时，胸口会有些沉重，有些阻塞。焦虑的时候，会让人感受不到呼吸，头重脚轻。

无论什么样的感觉，都像一阵凉风，实实在在地从身体吹了过去，瞬间打了寒战，起了鸡皮疙瘩。但是等它吹散之后，身体立刻恢复了正常。

有时候明明知道自己应该做什么，却躺在那里浪费时间，不停地翻看手机。

那么我躺着就躺着吧，翻看手机就翻看吧，自然发生，就让它自然消散。因为并没有用力抵抗，躺了一会儿，自然会觉得无聊，很快就站起来忙点别的。

我们内在的情绪，其实怨不得谁，怪不得谁，也不是哪里真的出现了瓶颈，而是我们自己的分辨心和执念所致。欲望像糖衣炮弹一样轰击着我们的心，稍不留神就会向外述求，去怨天尤人。

我并没有能力让情绪和执念彻底消失，我也无法控制它何时出现。它们像风一样，不一定在哪个时刻会吹过来。

看到自己的状态，接纳自己的状态，才会让自己更好地进步。而不是过去看不到自己，现在看到了，就陷入自责和内疚。看破、放下、随缘、自在，这就是让自己进步的过程，周而复始。

现在的心就像高压锅，但愿它是太上老君的炼丹炉。就算是垃圾，就算是绕了远路，也依然坚持下去。只要内心的目标不变，一定会全部分解融化，最后留下的一定是最耀眼的智慧光芒。

这一刻的心

我们总习惯于
用自己的心
自己的所知所见
去看待这个世界
去禁锢自己的心

第一次站在这里，像来到了本来就要到达的地方。

这红墙灰瓦、高耸的屋檐、宁静的石像，像跨越了万年，又像一刹那都未曾离开过。

试图让自己战栗的汗毛平静，分辨这是真正的记忆，还是内心的倒影。

但或许灵魂的本身，就只是倒影呢?

你可以费尽力气,努力表现出自己的精彩,去赢得认同和掌声,赢得其他生命的尊重和敬仰。

也可以让自己放空，再放空，穿越当下所发生的状况，去感受内心最本质的情绪，去看一看内在的最深处……

或许你还未曾发现,或者你没有勇气面对内心那个沉睡的自己。

你所感动着的、愤怒着的、仰慕着的、嫉妒着的，你的泪水、欢笑都不是因为外在的某个人，而是因为自己的心。

生命只是心的倒影。

我坐在三十层楼的落地窗边，眼前是这座高楼林立的城市。

每一扇窗后都住着人，每一个人都有他的故事。

远处的街道看起来和三十层楼一样高。

近了就大，远了就小，明了就亮，暗了就不见。

此时此刻，任何人看起来就如闪烁的微光，在你看不见的地方存在着。

而我又何尝不是这高楼林立中的一颗星点，已然如此渺小。任何人的故事，任何人的情绪，看起来都如此正常，又是如此平凡。

我们总习惯于用自己的心、自己的所知所见看待这个世界，并禁锢自己。

抬头仰望，围拢明月的云看起来气壮山河，却让心不禁一阵肃穆。

紧盯着心中那片肃穆，如同任何时候的任何情绪，像云一般片刻没有停歇，平行地游动，很快消失不见，永远不见。

此刻，静静地坐着，看着天空，看着密密麻麻的高楼，世间也不再有任何存在是静止不变的。一切都有规律地流动着，像飘动在虚空中的一阵阵风。

世界的一切，都是你的心；而你的心，就是你的世界。

这才是生命的开始

自然之物
不会为悦己者的喜好
而变化自己的芬芳
只是静静完成自己的生长

很多人说自己费尽心思、满腔热血，换来的却是失望和痛苦。什么才是对，什么才是错呢？尚且不说对错，如果偏离自己的内在，或许就该停下来看看了。

惊蛰清晨，细雨绵绵，俗话说“春雨贵如油”。人与大地一样需要自然的滋养生发，没有任何事情比身心怡悦更重要了。

放下手中杂事，信步走在法源寺的石板路上，雨雾如烟，轻抚颜面。

庭院里的花看起来别有一番柔美，每一株都有独特香味。

自然之物，不会为悦己者的喜好而变化自己的芬芳，只是静静完成自己的生长。寻寻觅觅的人们，谁又能像这早春里盛开的繁花，勇敢而从容地展现自己的色彩？

我不喜欢塑造一个自己，只希望通过自己的实践，找到自己最真实的状态。

面对生活勇敢地袒露，才能更有效地修正自己。这是最好的进步方法。

即便去看书，去请教师父，也是在实践中遇到了瓶颈，并且思考了很久后仍没有找到答案，才带着问题去看，去请教。

即便再好的良师益友，也只是你旅途中的陪伴者。真正要走路的人，还是你自己。

修行并不是急于追求某个结果，最可贵的是修行的过程。

知识无穷无尽，好的办法却无法无穷无尽，重要的是找到最适合自己的方式。就好比再好吃的东西、再丰盛的宴席，也得一口一口慢慢吃，需要的只是填饱肚子。吃太多和吃太快都会消化不良。

从本质上来讲，执着于知识，执着一个所谓老师，和执着名牌、执着名利没有什么区别。

有的人认为执着物质名利的人肤浅，执着灵性修持的人高尚，那么他真的还没有专注于柴米油盐的人活得简单自在。

再纯净的东西，你贪图太多，执着太多，也就不纯净了。

进入茫茫人海之中，车水马龙，高楼林立。每一个生命，都波光粼粼地闪动着。

大家总会感慨：为什么时间过得这么快？再也没有童年时对时间和环境的那种欢欣。

太阳还是太阳，蓝天还是蓝天，一年四季还是春夏秋冬，和儿时一样，从未改变。只是我们的心，大不如儿时那般平静。

随着年龄的增长，如果没有训练自己的心，它就会变得越来越容易被外界干扰，杂念和焦虑就会越来越多。凡是能让我们烦恼的事情，一定是我们执着的事情。

因缘和合就像天上的云朵，一刻都没有停留，时时刻刻都在生生灭灭，又有什么放不下、想不开的呢？过去的都过去了，世间无常，谁能保证下一刻会怎样？所以为何留恋？为何担忧？

当你具备面对自己的勇气时，就是修行的开始。生命的每一次进步，都需要亲自去体会，坦诚去面对。

聊天、玩乐、看电视、喝酒……任何方式，都只能让你暂时缓解内心的焦虑，解决一时的烦恼。可这些不是根本方法。

不解决自己内心的问题，就像习惯这样走路，即便换了双鞋子，鞋底还是会磨出一样的痕迹。

静静地坦诚审视自己，就像看另外一个人一样，看看自己到底在想什么？现在是什么状态？究竟需要的是什么？这才是真正的进步。

今生今世，哪怕能勇敢面对自己的一个问题，真正改变这个问题，都算是不枉此生。

不停地靠近自己，了解自己的心，这才是生命的开始。

通往内在的力量

如何得到用的是智商
如何拥有用的是智慧
这是两个不同的境界

我曾是一个容易紧张和十分自律的人。由于从小的成长经历和个人天生的习气，我承认自己总是过度苦行。

之前练习瑜伽的时候，我总是无法控制呼吸，甚至平日呼吸时，由于内在的紧张和焦虑，也会时不时憋气。

记得第一次参加瑜伽集训，刚开始几天，大部分同学在上体式课的时候都会不停做笔记，晚上大半夜都不睡，还在学习。

于是看到自己的内心，我开始感到焦虑，怕自己学得不够用心，还怕自己有哪里学得不够扎实。

有一天，我实在忍受不住内在的担心，去问老师为什么同学们上课都在记笔记，还有人反映教学进度太快，难道我漏掉了什么吗？

老师问了我几个问题：你自己觉得教得快吗？老师教的你都

会吗？

我用心感受了一下：自己并不觉得教学进度快，而且老师教的也确实都记到脑子里并且落实到了身体上。毕竟这不是理论，而是身体的记忆和内心的感受。

老师说：“那你担心什么呢？每个人有每个人的学习方法，问问自己就知道啦。”

我担心什么呢？

太懒散和太严格，都不是最佳状态，如何找到平衡才是智慧。总是把简单的事情搞复杂，或许也是自己不够自信、不够自在的表现。

记得那天和老师沟通过以后，我第一次感受到了呼吸和专注的力量，上了一节最像瑜伽课的课。

一个多小时自我习练的过程，让我格外难忘。当我学会运用呼吸和体式使身心连接的时候，瞬间很感动。我发现自己突然变得很有力量，那种力量叫作专注。因为专注于身心，也突然间看到了更强大的自己。

于是之后的每一次习练，我都在感受身体、接纳身体、感受身心平衡。就是这份和身体连接的喜悦，从心里生发出一股力量。

通过每一次习练，找到身心连接的喜悦，再让这样的喜悦融入生命的每一刻。就是这样的体验，让我渐渐对自己的身体更加了解、更加接纳，从而在与外在世界打交道，甚至表达拒绝、接纳、愿意或不愿意时，都越来越简单明了。

我之前不喜欢吃甜食，那天下课后吃了很甜的东西，身体却很接纳。身体是最好的老师，最了解自己。多去聆听和感受自己的身体，很多问题便会找到答案。

你越往内在发掘，越会发现身心像一个被埋藏已久的宝盒，竟然有那么多过去不曾发现的美好。

总是想起瑜伽习练的那句话——“请臣服于神”，就是臣服于自己的心，去倾听更多自己内在的声音，和自己沟通。

生活中也是如此，如果你不够了解自己的内在所需，即便拥有财富和爱情，也无法享受生活。如何得到用的是智商，如何拥有用的是智慧，这是两个不同的境界。

身体就像一个房间，住在里面的心是什么样子，房间就什么样子。每个举动的背后，一定都有它的合理性。每个情绪的背后，也一定有内在的秘密。不同的环境长出来不同的植物，就像不同的心念会让身体长成不同的样子。

那个看起来僵硬其实很柔软的人，一定有一颗藏在压抑背后的开朗的心。紧缩的颈、弯不下去的腰、打不开的肩……总是让我想到每个人不同的情绪、不同的心，需要被释放的那一面。

其实修行和身心成长，不高妙也不遥远。当身心柔软平衡之时，一切将回到本来的喜悦。

拨开一层层，擦净一处处，就在安住于自己身体那一刻，美妙悄然发生。

融入生命的每一刻

把专注习练的状态
融入自己的行住坐卧
融入生命的每一刻
那么就能真正感受到
融心智于无限的那分力量

总是有人问我："怎么能这么坚定地选择自己的人生，过自由自在的生活呢？周围的诱惑这么大，又如何经得起诱惑而专注自己的事情呢？"

任何人提出来的任何问题，肯定不是出于好奇，大多是一直困扰自己内心的疑问。

每当别人提起这样的问题时，我总会反问对方："你知道自己想做什么吗？那个事情又为什么吸引你呢？"

通常，对方的回答总是沉默或者仔细琢磨一番。

假如有人能脱口而出："对啊，这件事情足够吸引我去做。"那他一定不会提出这样的问题，因为想干什么早去做了。

《哈他之光》中提到过瑜伽习练的六个成功因素：热诚、决心、辨别力、信念、勇气、超然离群。这几个成功因素，不单单运用在瑜伽的习练中，生活中所有的事情，都是如此。

经不起诱惑，一定是因为不够热爱某件事，对自己也不够了解。当你沉浸在热情之中时，又有什么能诱惑得了你的心呢？就如两个相爱的人，正在痴痴地迷恋着彼此，又怎么会在这样的热情中被他人诱惑？

笃定地去做一件事。在成长的过程中，我们都会遇到各种各样意想不到的困难。

更何况当目标不明确，对所做的事情没有强大的信心之时，陷入迷茫和犹豫是必然的结局。

记得有一次，朋友焦虑睡不着，大半夜把我叫醒。

他说哈他瑜伽太简单了，想去学艾扬格瑜伽，或许那才是自己想要的。随之开始长篇大论谈自己对未来的担心。

内在的焦虑感才是他对外在事情担心的根源。这个朋友的座右铭是《瑜伽经》中的一句话“不执迷于物”，然而他却执迷于物。

如果把瑜伽只当作体式和体育，这真的很可惜。瑜伽是一种面对生活的状态。以此可见，我们只把工作当作挣钱，只把婚姻当作过日子，都是一种可惜。

所有的事情，每一个当下，都是我们修心的机会。

瑜伽体式再好，也比不过动物自然而然的动作。因为大多数瑜伽体式是最早的瑜伽士在自然中修行，观察自然界中动物的动作创造的。比如猫式、蝗虫式、鱼式、鸽子式、犬式……几乎所有的动物，都不会做故意伤害自己的事情，因为他们没有本能以外的欲望，只有顺应自然的生长。它们也比人类更懂得如何与自然亲密。

人类，虽然比动物智商高，但也多了欲望。欲望太多就会失去和身心的连接。瑜伽的意义是连接，修的是实现个体意识与至高无上意识连接的方法。那么至高无上的意识在哪里？臣服于神，神又在哪里？答案就是我们的心，我们被污染的心。

每一次习练开始的时候，老师都会说“收拾好周围的环境”。那么，是不是收拾好了自己的心呢？

当你足够了解自己，了解自己的身体时，一定足以应对生活中各种各样的事情。如果你足够了解自己，了解自己的身心，又怎么会有那么多意想不到突如其来的麻烦呢？因为那样的自己，早已经是生活的主人，能够主宰自己的人生。

把专注习练的状态，融入自己的行住坐卧，融入生命的每一刻。那么就能真正感受到融心智于无限的那分力量。

深呼吸，拥抱自己，继续上路。对自己说一遍：“此生只有一次，没有理由随波逐流。”

闭关札记

当你确定一个目标
有着明确的发心
对自己充满信心
持之以恒去做时
生命中就不再有困难
所发生的一切
都是为了让你变得更加美好

第一天：寻找自己

打开窗，眺望远方，远方有多少窗，就有多少颗繁星，像是每个人心中的秘密，那是需要了解的自己。

总有一天，人们没有了对自我的执念，就没有了相对立的一切。

大多数的担心源于对自我的执着妄想，那又为何去揣测，去不信任，去伤害别人？

沉浸在自编自演的虚妄当中，正应了那句“痴人说梦”。

《金刚经》有云：“凡所有相，皆是虚妄。”

面对这个世界，你为何还总是不断猜疑、恐惧？为何还总是轻易地被风吹草动惊扰?

想必你不是陷入了多么不可逾越的困境，而是还没有冲破烦恼的勇气。

只有爱你的人，才任由你无理取闹。也只有和你亲近的人，才会被你伤害，关注着你的喜悲。自己的无知，也只能伤害最亲的人。

想到这里，在修行的路上，我不得不更加精进，更加努力!

第二天：心的力量

心念的力量太大了，确实是心想事成，人总是会活成自己想象的那样。

事实总是客观呈现着，当你深陷其中时，执着什么角度，就会看到什么样的世界。如果我们心存担忧，执着于你想的那样，也只会看到不好的那一面，或者去找各种各样的证据，去证明自己想的是真的。

一个乐观宽容的人，总是把生活往好处想。不是这样的人自欺，而是这样的人并不执着。这样的人对自己、对生命十分信任，让自己什么都不想，只关注当下。

这也是修行最大的目标。

“不要调皮了，回到自己的位置上去。”

这句话，从小学的时候就被老师说。其实想想看，这真的很形象，也是修心面临的最大问题。

无论人际关系还是工作，无论想法还是做法，都需要找到自己的位置，回到自己的位置上去。

如何让心安住在自己的位置上，让一切自然而然发生？

静下来，看看自己。看懂了自己，也就看懂了世界。

无论古代还是现代，中国还是外国，人们所经历的一切，都只是表象的不同，而无外乎怨憎会、爱别离。修行不分时间与空间，所有问题的答案却早已被经典道出。

自己的心与圣贤跨越千百年相融，那一分力量，那一分感动，是生命中一种无法言喻的美好体验。

第三天：敬天爱物

昨晚在禅堂，看见师父十年前刚开始弘法时的照片。

那时候的师父很年轻，身形比现在瘦很多，也没有太多的弟子，甚至有人对他鄙夷，不信任。

可是内心利益众生的强大信念，让他在弘法道路上坚定前行。他常说，不是他在度化大家，而是大家成就着他。

当你确定一个目标，有着明确的发心，对自己充满信心，持之以恒去做时，生命中就不再有困难，所发生的一切都是为了让自己更好。

若想求得世间名利，就要付出各种各样的艰辛。更何况，想获得出世的智慧，融入灵魂中不会退转的智慧，这要付出更多的心血。

师父的脸一直出现在我的面前，我是多么感恩于他。

这种感情无法用言语形容。对于感恩和回报，唯一能做也是他最想看到的，就是徒弟的进步。我把这些智慧和爱融入自己的生命中，继续传递给更多需要帮助的生命。

但修行又不是只在某时某刻，不是非得在圣地、在禅堂。而是时时刻刻，无论身在何处，都能安住在自己的心中，都能升起信心和智慧。

一旦发愿，就别无选择，只能往前走。

成功的过程中，与你相伴的只有坚定的目标和持之以恒的信念。

你要用此生做什么？你要成为什么样的人？这是生命中，自己与自己的约定。

当自己用身心去经历，最终总结出来一堆道理和经验时，才发现圣哲先贤早已在千百年前用一句话在经典中总结过了。

自性的智慧如同一盏明灯，近在心中，却永远在远方指引着自己脚下的路。

内心无所畏惧地前进，一次次亲身体会所有喜悲，这就是你的“真经”——真实的经验。

只有在这个实践的过程中，我们才能升起对真理、对正知的正见，由心而发的敬意与感恩。

静心闭关并不是逃避，而是一种勇敢的选择。

在这样的过程中，你的世界只有自己的身、自己的心，时时刻刻关照着自己。

在这个过程中，看着自己的杂念一次次涌现，应当让自己回过神来，回到当下。

如果杂念实在是反反复复出现,那么你就应当像一个潜水员，一层层潜入意识的最深处，看看自己的心里究竟藏着什么秘密。

这是个艰难的过程，只有强大的信念与决心陪伴着我！

坐在这里，没有时间，没有空间，只是同一句“嗡啊吽，班匝格热巴玛色德吽”。用心去重复千万次，去体验成就者的智慧。

从一到零，从零到一。从有到无，从无到有。

有何不通？又有何相通？

我让自己安静，再安静。

就像看着被风吹动的水面，一点点归为平静。透过水面，看到自己，看到湖底。

是为了离你更近，还是为了离你更远？

哪里又有远近？

有一才有零，有零才有一。

我的记忆，在静止的那段时间，被日出日落渐渐唤醒。

对面的灯塔总在傍晚时闪烁，在夜深人静时熄灭。

我就远远地望着它，一天又一天过去了。

有何不同，又有何相同？

我关上灯，看着窗外。

高楼林立、万家灯火，整个世界只是一幅画面。

我是梦中人，还是在静观一场梦？

梦中，我抱着宝罗，它像个听话的孩子，一动不动。

其实宝罗在别人眼里是一只很凶的猫，但是它总是在我面前乖顺。

因为它信任我，我们彼此信任。

人与人、人与动物、人与自然的相处中，一切不和谐都来自不信任。

然而不信任的源头来自哪里？

那大概是，无法对自己真正升起信心。

这不同于傲慢，傲慢的源头仍旧是不自信。

有些道理，当你用它解决了问题后，已然是可以确信了。

这就像你饿了，吃一个馒头饱了，就可以肯定馒头能够充饥。

如果还问馒头为什么能充饥，那真的是多余。

修心，永远是心上的事，只有自己最了解。

对于很多知识，总是从敬畏到实践，最终才真的确信。

如果觉得一个事情、一个人很神奇，那是你还没有体会到更高的境界。

如果发现世界本来就是如此这般，那还有什么神奇的呢？

第四天：降服自己

那些什么度化苍生，什么弘扬道法之类的问题，是成就者与圣人想的问题。

如果你非要想，而且非要想出个结果，那么就先把自己修行成圣人，把自己的心修整明白，把自己的智慧打开。到那个时候，问题就自然有答案了。

否则，你的这些想法，只会成为生活的障碍。

在当今世界，我们的烦恼不是来自知道的太少，而是想的太多，知道的太多。

进步最大的诀窍，就是行动、反思、坚持。

闭关第四天下午的时候，我的心里像有一窝兔子，我真想冲出去，给了自己很多中止闭关的理由。

但是师父的话，开始在我耳边回荡："徒弟啊，不要做事情做一半。"

这句话，让我扛过了那段焦躁。

到了傍晚，远处的灯塔又亮了起来。

又顺利地度过了一天。

人们都渴望成功，羡慕别人的结果。

不同的结果，取决于过程中不同的选择。

在这样的过程中，越是困难、痛苦时，越是要看清楚自己的心，修剪自己的枝叶，只为历练出一个配得上成功的你。

最直接的减压方式就是“静关”几天。

如果你觉得生活让自己迷乱，实在忍受不了。那么就停下来，远离这让你痛苦的一切。

关掉手机，关掉网络，让自己与自己相处，踏上心灵的旅程。这个旅程不花钱，也不需要跑得太远。

刚开始也许很容易，可是没两天就会静不下来，甚至怀念过去的习惯和生活。

这充分证明，那些生活并不是你讨厌的或希望舍弃的，而是你自己没有智慧去面对。

这段“静关”休息，会让你重新审视生活，找回真正的兴趣与新的面对方式。

所以，短期“静关”是心灵驿站，能让自己更好地生活。

第五天：回到尘嚣

一炷香，一扇窗，一张案桌。

我需要付出多少，才有此福报？

我需要失去多少，才有此决心坐下来？

大多数人所谓没有时间，并不是真的没有时间。想做什么，哪怕再忙，挤挤总会有的。最大的问题就是心静不下来，让自己停不下来。

我们忙忙碌碌，究竟是为了什么呢？

还有什么，比让自己身心和谐更重要？

和谁相处，比和自己相处更重要？

我坐在窗边，窗内熏香宁静，窗外车水马龙。

我为何要把自己和这个世界划分得那么分明？

也许对面的另一扇窗内，也有人这样看着我。

当我的心不够安静时，我就离开尘嚣，净化心灵。

当我的心开始安静时，我就回到尘嚣，去勇敢地经历一切。

当我再次沾染烦恼与痛苦时，我就再回来安静。

这样来来回回，就是修行的阶梯。

总有一天，当我再辨别什么是好的，什么是不好的之时，会发现尘嚣也是净土。

窗外车辆轰鸣，公交车走了又停，载着人们奔向下一站，车里也有我的母亲与我的爱人。

短暂的时间，救护车、消防车刺耳的警笛接连响彻街道。挖掘机费劲地摧毁房子，大吊车就在路的另一边，努力地建造新楼房。

这一切可以称为无常，却又是那么正常。

如何判断，皆由心去示现。

眼前，树木、道路、车水马龙，世界将缤纷的色彩呈现给我。

当我闭上眼睛，“突突突”“嘀嘀嘀”“咣咣咣”，世界呈现给我的是各种声音。

当只用鼻子去嗅，世界只是各种各样的气味。

当只用手去触摸，世界只是各种各样的质地。

当把自己的一切都敞开，充分去感受这个世界，了解这个世界之时，生命一刹那变得如此辽远。

二十四楼，每天坐很久的电梯，每天各色各样的人进来下去。

这个偌大的楼，住着各式各样的人，一定有人失恋、失业、辞世、出生、生病、哭泣、欢笑、喝醉……

荷尔德林曾经在《塔楼之诗》中写过这样一句话：“生命之旅迥异，犹如歧路或群山分界。”

痛苦降临在每一个人身上是那么残酷，可人生又何尝不是这样？

无论是什么，都显得那么正常，不平常的是如何面对这些问题。人与人的不同，也在这时候显现。

当发觉活着只不过是在和自己的心相处时，我竟无怨无悔地安静下来。

世间万物，唯有心念所生，就如《华严经》所云：“唯心所现，唯识所变。”

那么你就是我，我也是你。此刻仿佛找到了一条通往光明的路，一条归途，这就是一生的心之所向。

勇敢面对，学会放下

从了解自己
到放下执念
去清净自己
让自己内在的光芒透出来

有时候不知道自己正经历的一切，是对他人太过于感同身受，还是自己没有改掉习气？

但不管因为什么，这都不重要。我坚信自己经历的这个过程，必定有它的意义。

所有令自己不舒服的，都是自己正需要面对的地方，都是自己还没有真正解决掉的内在问题。

倘若自己还没有能力去帮助更多人，那么就不要给别人造成痛苦，也不要传递负面的能量。

所以没有必要向任何人诉说，也没有必要找任何一件事情来转移注意力，像止疼片一样麻痹自己的神经。

反而需要更多勇气去面对，更清晰地感受疼痛，看看意识的源头，看看内心深处究竟还藏着什么不被觉察的秘密？

记得阿姜查禅师谈到他在尸陀林闭关的时候说过，修行的这个过程，必须独自面对，看着念头升起直至消失，追寻它的根源，直视它，降服它。

情绪就像火苗，不要在意，它就慢慢熄灭了。如果再煽动它，就会越来越旺。

我何必去费尽心思理会这些并不真实存在的情绪。

面对人生，我们有太多的无可奈何，但是我们想成为什么样的人呢？面对困难和情绪，正是对自己的考验。

就像阿姜查禅师所说：“我很怕，不过我敢。不是我不怕，而是我有勇气。”

窗外的鸟在嘎嘎叫，小虫又在夏天准时出现。

狗只能干点狗的事儿，鸟也只能干点鸟的事儿。

想来想去，也只有人能够选择自己的行为——是违背良知去做事，是随波逐流的死去，还是迎难而上去坚持一个内在的原则？

是善还是恶，是真还是假，是上去还是下去？任何人都可以靠自己的决心和念头选择。

生命跟着灵魂随波逐流、生生灭灭。但它来自哪里？又为何而来？

这一刻，也只发生在这一刻，所以人生难能可贵。

那么且行且珍惜，珍重再珍重吧。

那一夜梦中，我看见被囚禁在阴暗潮湿的牢狱中的妖魔鬼怪，大到三丈高的老鼠，它们被人类的欲望所感召，逃出牢门，变成酒色财气、红唇绿眼。年轻的人们与之紧紧相拥，爱不释手，乐不思蜀。

他们拥抱的并不是最初希冀的爱，也不是自己的心，而是自己的欲望。那些鬼魅魔怪，也不是真正的魔鬼，而是每个人心中的贪婪欲念。

人们打着爱的名义，打着善良的名义，却滋生着自己的欲念。

欲念没有得到满足，就变成了痛苦与伤害。人们用尽所有，却换来一无所有。失去的东西，又要费尽心机换回来，这就是轮回吧。

命运之轮旋转，像悬挂在宇宙边际的恒星，不曾摇摆，只是在那条属于它的公平轨道上周而复始地旋转，没有起点也没有终点。

你来了，因缘聚合。我的世界里，当下只有你。

你走了，因缘散去。我的思念，只属于我的念头，像一炷香刚刚燃尽，香气尚未散尽。

所以，无论来去，这世界只有自己的念头。

心念生生灭灭，像不停闪烁的星斗，像不停流动的云朵。正是因为能够时时刻刻看到自己的念头，所以才更能感受生命的脚踏实地。

修心也是在这样的过程中发生着，从了解自己到放下执念，去清净自己，让自己内在的光芒透出来。

就像一轮皎洁的月，你懂或者不懂，它依然明亮。不是为了什么而明亮，而是它本身就是明亮。

苦才是人生

从感到苦
直至苦到了一定时候
自然也就消失
最终成为我们走向正道的助力

刚刚翻阅微博，见到前一段时间一直沉浸在痛苦中的朋友，这几天开始渐渐平静，先是发了几天自己反思的感悟，然后开始转发一些禅悟的开示。

生活中这样的事情太多了,任何人都是在痛苦后开始人生转折。

对自己来讲，更是如此。每一次瓶颈，必然是一次进步。当开始思考一些问题时，我们希望找到解决方法，就这样不停地进步着、蜕变着。

我们得到的会以另一种方式失去，我们失去的也会以另一种方式得到。

师父曾经说过“苦才是人生”，尊者阿姜查对苦也有所解释：“有两种苦，一种是会导致更多苦的苦；另一种是会导致止息的苦。

如果你不愿意面对第二种苦，你肯定会遭受第一种苦。”

尊者提到的第一种苦，就是凡夫之苦，求不得的苦，总是怕失去的苦，念心不满的苦。这些是苦无了期的苦，因为它们就是导致“因”重复轮回的根源。

第二种苦，就是修行的苦。我们累生累世的习气深重，可是我们必须通过自我觉察，来了解内心深处这些问题的本根源头。这就是修行的本质，是一个自我了解、自我反思、自我降服的过程。

这个过程就像修剪枝叶，或者给自己的心做手术，不停去掉瘤子和病灶。虽然过程很痛，但是你别无选择，只能坚定地做下去。病灶留着就是死路一条，疼也是一时的疼，但是割掉一个瘤子就会更健康一些。所以，这就是尊者所谓止息的苦。

在我发现了自己的问题，内心产生情绪的那一刻，我变得比平日里任何时候都更加敏锐，与周围一切的联结更加紧密。这时候我会发现很多事情都在点化我，让我一点点解决那段时间需要解决的问题，直到某一时刻，一跃而出。

但是回过头想想，也不是真有那么多巧合，有那么多事情在点化我。而是我再也不像过去的自己那样，遇到问题就痛苦，就抱怨。对于现在的我来讲，一切问题都是我内心的不足和漏洞。你所执着的，必定是能让你痛苦的，这就是内心的缺漏。

这个时候，我会变得比风平浪静的日子里更加渴望进步，像是终于抓到了一个进步的机会，我比任何时候都愿意做出改变。

就是因为这样的心态，我才更加觉知到自然给我带来的智慧。一切能发生的事情，都是最顺应自然的事情。你越愿意学习，越没有情绪，越没有对自我的执着，就越能感受外界给你带来的力量。

佛陀证悟时所说的四圣谛“苦集灭道”，不正是如此的过程吗？让心不动，不被情绪所牵引，从感到苦，直至苦到了一定时候，自然也就消失，最终成为我们走向正道的助力。

不是谁的命好福报大，才能得到上苍的庇佑，而是要有一个正念的愿，有一颗一心向道的心。这也应了那句“得道多助，失道寡助”。

就如师父对每一个徒弟都平等以待，宇宙自然对每一个生命也平等以待，只不过因缘不同，正在经受的也不太一样。但是只要内心有坚定的信念，最终必将走向同一个方向，那就是光明之道，那就是自利利他的觉悟之道。

任何生命之间不曾分离，任何生命之间都只有一种彻底究竟[2]的关系，那就是相互成就。

有些人轰轰烈烈，却无疾而终；有些人平平淡淡，却白头偕老。有些时候我们信誓旦旦，却没有成就那番事业；有些时候我们无心插柳，却创造了一场奇迹。

有些并不是没有赶上好时机，也不存在任何遗憾。我们没有得到任何东西，也没有错过任何东西，只是在经历自己的心。你想得到的，并不一定是最适合你的，但是你经历的必定是你

2 究竟：佛教语，犹言至极，即佛典里所指的最高境界。

真正需要的。

当你有足够的能力承载时，自然而然会得到成功。如果好高骛远，你得到的必定是教训。但是一切经历，都是为了找到自己的心。

同样是人生，同样是一辈子，选择放逸还是精进，只有靠你自己。

无论这一路风景如何，那都是为你量身定做的风景。尽情大胆地选择，大胆地经历，你没有错过任何，没有走错路，一切都不会白白经历。

当你发了愿一心向自然之道，就在那一刹那，你已经和世间万物融为一体，已经买了一张“觉悟自性”的车票。

闭关札记二

智者对生命的热情投入
不是为了掌声
不是为了享乐
只是为了心怀感恩地容纳这个世界

“不要胡思乱想”，闭关前师父给我交代的这唯一的一句话，一直提醒着我。

当发现自己在乱想的时候，我就已经回过神来了。

无论是无聊的事，还是你觉得有意义或者没意义的事，此时都是没有任何价值的事，因为它们都无关于当下。

一

出世的修行，离不开世间的考验。然而世间最重要的是如何与他人相处。首先，就想到了和人沟通的问题。

从我的观察和总结来看，我发现人与人的交往中，存在五种层面的人：

第一种层面的人，听不懂别人在表达什么，一味地被人牵着鼻子走。乍一看一切随缘，其实却是一种无明。对自己的心不了解，更谈不上体恤他人。

第二种层面的人，听得懂别人在表达什么，但是自己的心却左右摇摆，不能坚持自己的意见。像一棵无根之草，对他人、对自己都毫无价值。

第三种层面的人，只顾着表达自己的看法，不会倾听。这样的人很难得到他人的帮助，也很难与他人建立起真正的内在交流。正如那句“满招损，谦受益”。

第四种层面的人，懂得倾听他人，在关键时刻适当表达自己。完全不会被对方牵着鼻子走，也不会过于控制他人。想必能做到这一层面的人，应当算得上是具备修养和智慧的了。

第五种层面的人，很懂得倾听他人，能洞察事情的根本局面，但是他所表达的也只是对他人真正有帮助的内容。这种人做事情会用他人接受的方式，顺应事态的局面，让自己和他人都很舒服。这才称之为圆满。

第五种层面的人，就是修行所谓自利利他的心，包容万物的慈悲心，拥有能够更全面、更有高度地看待问题的出离心和智慧的人。

师父总是教导我们说：“当你去做一件事，如果有一个人不高兴，或者你的取得会伤害到哪怕一个人，这都不算是圆满。”

从第一种层面的人到第五种层面的人，这是一个从无知到智慧再到慈悲的修行过程。

有的人说，人太聪明，看得太透，活着就很难有趣。

我想这还不算真的境界。一个聪明人和一个有智慧的人，这是两种不同的境界。

当一个人可以轻易从泥潭走出来的时候，他仍然能心怀他人，用自己的智慧去帮助更多的人走出困境。那么这样的人，他的聪明才智才拥有真正的价值。

真正的智慧，是自己能让他人摆脱烦恼，巧妙地解决生命中的任何问题。如果用自己的聪明、自己的所知所见去评判生活和他人，这反而是一种“反被聪明误”的愚蠢。

真正的智慧，没有自我的执念，而是随缘自在，无论在哪里都能有最好的安排，比任何人都更投入当下，却不执念于每一个当下。不单能够享受独处的寂静，也随心应对人潮人海中的喧闹。寂静还是喧闹，都是自己内心的一种选择。因为能够驾驭，所以在生命中游刃有余。

智者对生命的热情投入，不是为了掌声，不是为了享乐，只是为了心怀感恩地容纳这个世界。

有时候庆幸，生命中并不是一切事情都按照自己所期待、所设想的那样发生、发展，而是有太多的突如其来，太多的不如所愿，所以需要借助这样的过程一点点历练自己。

“是故见比虚空高，取舍因果较粉细。”所以自己不是觉悟者，不够真正了解自己，任凭再去假设，再去企及，真正发生的才最适合自己。

只要有一个发愿、一个决心，让一切顺其自然发生，就是最快捷的进步方式，也是最清晰的觉悟之道。

二

大暑之日，必定炎热。有时候别人都大汗淋漓，我竟很少出汗。有人好奇我为什么不热。其实并不是我不知道热，我在觉知自己身心的时候，对冷热的感受反而更细微。但这只是一种感觉罢了，仅此而已。

对于任何反应，我没有情绪的抵抗，并且不准备因为热而去做什么。

热归热，但我并没有升起急躁的情绪，热也就消了大半。真是应了那句老话："心静自然凉。"

大多数时候，我们不是真的陷入困境，而是内心无法从担心和焦虑中自拔。

当发生问题的时候，倘若能全然面对，全然接纳当下的状态，情绪和痛苦也就减轻了大半。

三

有人说真正的孤独，是在人群中仍旧感到无人应心，话不投机。

那么即便有人回应，有人赞许，那依然只是外在的力量，是会随时变化、消失的力量。

独处，是了解自我的方法。

独处并不是离群索居的形式，而是去觉察自己的心，体会自己内心真正的感受。这样才能不畏孤独，并且从内在找到信心和力量。

如何才能找到这一刻的温暖和力量呢?

让自己勇敢地面对内心,真正剖析自己。当升起内在的力量时，你就不会希求有人与你共鸣，有人理解你了。你已经明白了自己是谁，自己需要什么。

当你练就出这样的能力时，无论是独处，还是走到鼎沸的人潮中，都会安然自得。

四

在闭关的时候，世界上只有我一个人。

如果我关掉手机，没有了表，这个时候，连时间也从我的世界里消失了。只有日出日落。

以此试想下去，我也会忘掉时间、年龄，不知道世事。

正像吴承恩在《西游记》第一回中所说：“山中无甲子，寒尽不知年。”

断除外界的纷扰，去如实面对自己。当意识和内心都处于宁静中时，一切都不存在了。

纵然有再大的欲念、再大的野心、再强烈的愿望，当心静下来时，你会发现自己只不过是需要如此从内而发的喜悦。

自己不再需要依靠任何人、任何事来获取心灵安慰和价值体现，所有的美好都从内心深处自然洋溢而出。

五

修行中的一次次放下，并没有让自己的心变得更冷漠，反而越来越平和、柔软。

因为只是修剪掉了妄想和执着，留下的是最贴近真心、最质朴的爱。

学会独处，也就学会了纯粹的爱，因为你对另外的生命没有了需求和要求。

心是自足的，是光亮的，欣赏着这个世界发生的一切，生命中所到之处都会被你照亮。

六

七天时间，只有一句莲花生大师心咒："嗡啊吽，班匝格热巴玛色德吽。"

记录一段段闭关札记心得，研读一本本经典著作。

没有网络，没有手机，静坐止语，简单的白水煮土豆和胡萝卜。

看起来是闭关了，停止了一切世间的事情，但能说我什么都没有做吗？

如果不是闭关，这七天，我能做点什么呢？

我能为别人，为自己，在生命中留下什么呢？

其实什么也做不了。

相比而言，这七天的闭关才是真正有意义的。对于我的心，这是最究竟的意义。这样的进步，是永远不会退转的进步。

如果不是闭关，也许这七天就消失在了我的生命中，甚至像青烟一样不留痕迹，和生命中任何时间、任何七天，没有任何两样。

所以我很珍惜每一次的闭关，这就是一次真正的旅行，一段真正审视自己的时间。

七

闭关的时候，我会突然想起某些人、某些事。

仔细想想，如果你突然消失，会让某些人忘记你，会让某件事从生活中停止。这也只能说你和他们的缘分不过如此，也不必遗憾。

爱你的人无须你费尽心机，也无须你改变什么，就会自然而然地留在你的生命中。真正属于自己的东西，你该经历的，不必绞尽脑汁，缘分会自然而然地给你一个最好的结果。

对生命报以温柔

如果心中有奋斗的方向
你可逆流而上
人生就会到达另一番天地
如果总是抱怨环境
只会被贪心和执着
带到更恶劣的地方

一

曾经开玩笑跟别人说：“当作家是一件掏力不落好的事情，一直默默耕耘，就像一个人的马拉松。而且如果不注意调理身体，很容易落下颈椎腰椎的职业病，收入也不是很多。”

当然这只是个玩笑，导演李安曾经说过，一个人选择做什么时，当你满怀热情投入这件事，你会发现，并不是你选择一个事，而是这个事选择你。你是被选上的人。这种强烈的使命感带来的归属感，是一种无法形容的巨大幸福。

我就是在这种幸福感的陪伴下，真实地面对自己。当一段段文字浮现出来时，也就是与自己内在的一次次连接。

我足够真诚，我相信这分真诚也会照耀到你，你就拥有了这个发现自我的指南针，能独自走向自我救赎的征途。

最近在家写稿子，我想通过这段时间，一边写新书，一边调理自己的身体。上午买的红外线理疗灯，下午就送来了，我迫不及待地在门厅组装起来。

灯刚刚组装好，电话突然响了。一个朋友打来电话，激动地说：“我救了一只甲鱼！”

这要是放在几年前，我可能会特别兴师动众地参与进来，觉得这可是个不得了的大事。“救人一命，胜造七级浮屠”，护生肯定是好事。

但是他接着讲，自己本来去见一个和尚，路上看见一个人提着一只大甲鱼，他就花了四百元把甲鱼买走了。正好可以让和尚跟甲鱼结个善缘。

我的第一反应是觉得很无聊，这个人把信仰搞得特别形式主义，我很想批判一番。这要是在过去，我又会发表一通评论。但是这次，我突然“刹车”，并没有发表意见。心想只有自己的所想所为，才是自己的事。

除此以外，又与我何干？如果入戏太深，那就是自讨苦吃。

对于一个修心的人来说，如果烦恼和杂念来的时候，轻易被念头带走就没意思了。即便暂时做不到心如止水，也可以控制住自己的心念，别让它继续向外蔓延。

刚结束通话，方才的心念还会浮现出来。

我欣然接纳自己的“还有杂念”，甚至夸赞自己：这次真棒啊，你都没有带着评价说些无用的话，没有指责别人。就是这样的“接纳”让自己的心很快平静下来，伴随这件事而来的情绪也就到此为止。

在修心的路上急于改变自己，发现不到自己的进步，我想这不是“精进”，而是“贪心”，贪执一下子能有个转变。本来只有一个旧毛病的烦恼，由于贪心，又增加了一个“急不得”的新烦恼。

学习本来就是一件让自己越来越快乐的事情，改变也是为了快乐，所以要鼓励自己，懂得呵护自己的每一点进步。

二

很快，我的心念完全从“甲鱼”这件事情脱离了出来，脑子里开始漫无边际地发散思维。我的心里默默地念叨：看得清别人不叫智慧，认得清自己才算本事。问题是当你无法看清楚自己的时候，你根本无法真正看清别人。

智慧不是有一天你得到了灵丹妙药，一下子看破红尘。而是你决心不再浑浑噩噩，走出周而复始的困顿，开始从一件件小事里，在生活的点点滴滴中，一次次觉察自己的心，一次次修习和解读自己。

从看不懂、摸不透，到偶尔能圆满地做好一件事，再到基本上都能应对得当，如此坚持锻炼下去，有一天你就改变了习气，拥抱了自己，拥有了智慧。

《心经》有云:“色不异空，空不异色，色即是空，空即是色。”

或许找到自己的心，就是了悟“空”与“色”的过程。

倘若说“色就是色”，就好比一个人说：“别给我弯弯绕，直接给我说多少钱，得多少好处。”那么“色就是色，空就是空”，就好比一个人说:“不要只谈及物质生活，也搞点精神层面的东西吧。”

那么“色即是空，空即是色”，就应该是你眼中的一堆废铁，在乔布斯的眼里就可以变成一部苹果手机；你看一堆破烂石头，在雕塑家眼里就能成为艺术品。不禁觉得有趣，这只甲鱼，怎么可以产生这么多联想?

一切有形的“色”，却被无形的“空”所控制。这不正是“空即是色，色即是空”吗?

所以说，你想变成点石成金的人，与其羡慕不已去研究石头，不如去了解成功者的思维。或许，当你拥有乔布斯一样的思维时，你就能创造另一个奇迹。

成为什么样的人的关键，不是在大事降临的时候，不是需要你去发现怎么样才是崇高；而是随时随刻，你选择做一个什么样的人，选择什么样的思维角度。修行也就是在“正当时”发生着。

我一边清扫地板上泡沫塑料的碎屑，一边梳理自己的心。

三

到了傍晚，那个朋友又打过来电话。他说，甲鱼送走了。

本来我正在写一篇文章，既然被打断了写作思路，接通了电话，便安心听他准备说些什么。

他告诉我甲鱼带回家后，放到阳台的大盆子里。没想到不一会儿，甲鱼爬到了盆子外面。他刚走进阳台，发现甲鱼正往阳台边儿上爬，他怕甲鱼掉下去，赶紧用脚去踩甲鱼身上的绳子。可是甲鱼铁了心地爬出了阳台，一下子从七楼掉了下去……

这个朋友想表达的是，这个甲鱼应该压根儿不想活了，觉得自己生不如死。

我觉得他神神道道的，但是没有发表意见，继续认真听他讲。

甲鱼惨烈地掉到了一楼的商房顶，朋友打电话给物业求助。物业表示没办法上房顶。这个平时文质彬彬的朋友，这回愣是决心要救这只甲鱼。

他跑到二楼，挨个儿去敲别人家的房门。终于有人给他开门，同意他从自家阳台跳到一楼的商房顶。他算是又救了甲鱼一次。

甲鱼被抱回来后一动不动，不知道是死了还是晕了。

他赶紧抱着甲鱼，跑到附近的河边。坐在河边，他一直在跟甲鱼聊天，安慰它。安慰了好一会儿，甲鱼才把头伸出来，还睁开了眼睛。

听到他说这些，我觉得自己今天可真有耐心，听他说了这么多。但是想想那画面，还挺感人的。

这时，朋友突然顿了一下，若有所思地感慨起来：“本来想第二天找个水质好的地方，看来也留不住了。门口这条河的水质并不好，上游还好点，下游更脏了。看来这就是这只甲鱼的命吧，它跟门口这条河有缘分。如果这只甲鱼能够逆流而上的话，就可以到另一番天地。”

我瞬间感受到了这个朋友的心，他是那么单纯又善良。如果我没有认真听他把故事讲完，又怎么能感受到这分美好呢？

人生何尝不是如此，当你生活在某个环境中时，那是你当下的功课，让你处于这个环境之中。

如果心中有奋斗的方向，你可以逆流而上，人生就会到达另一番天地。

如果总是抱怨环境，只会被贪心和执着带到更恶劣的地方。

什么事是无聊，什么事是有聊？什么是空，什么是色呢？

你想成为灵魂进步的觉知者，你想成为内心强大的智者，你想在生命中获得正能量，哪怕你只是想活得简单快乐。不要心急，不要断然妄想，用心去尊重别人的世界。这不单是尊重别人，更是尊重自己。因为只有你耐心地、不带评判地去尊重他人，你才能真正感受事情背后的真情。

你会发现每个人都有一颗渴望美好的心，每个人都在积极成长。只要你用心去报以尊重，报以温柔，回馈给你的会是加倍的惊喜。

执念越小，力量越大。尊重他人，也是一种智慧。

虚空之风

心再继续寂静
去端详，去体会
不属于心的
自然会从心里消逝

难熬的不是发现问题时，而是沉浸在迷茫中，还没找到方向的时候。当你认识到问题的原因时，就是最好的时候，那真是让人感到兴奋——又有进步的机会了。

生命中所有的经历，都是必要经历的时刻。无论任何情况，如果让心沉浸在妄想中，那么就是欲念。如果经历过痛处后，能在逆境中蹚出来一条光明的路，所发生的就都是成就自己的过程。

选择让自己变得更好，就静观问题的呈现，不必自责抵抗。让情绪出现，闭上眼，像是看着漂在海面的浮游生物随风而动。心再继续寂静，去端详，去体会，不属于心的，自然会从心里消逝。

当你对生活中的人或事不得其解的时候，那就静静吧，静下来听听自己内心的声音，用心看看自己。

这个世界其实没有任何人和你完全对立，对立的只有自己没有梳理清楚的念头。也许世界真的只是内心的一个倒影。

我深深地凝望，虚空就在我面前。过去消失在哪里，明天的日子又会怎样？只因为缘，你出现；只因为愿，你到来；只因为心还有所执念，所以四处荡漾。

如此往复，我却不愿往复。便觉察到，智慧的光芒从不曾离开，也没有走远，一直都在我的心里。

那样一双眼睛，初次相望，却洞穿心底，所以你流泪了。那是因为想念自己的心，已离开你那个家太久。它一直住在你心灵的家，从没有离开你，守候着你的归期。它爱你，宠你，所以不想你流浪，不忍你漂泊。等着你回到真正应该回到的地方，回到属于你的安乐之所。在那个地方，你是富足的，什么都不缺少，只是你忘记了。

昨夜，进入一场空寂的梦境。

在那样的时空，一股突如其来的风，让我回不过神来。

就那样静静地待着，眼前的一切那么近，又那么遥远，让我惊慌失措，一时不知道如何形容，如何解释这突然的沉默。只能说，这沉默没有悲伤，没有痛苦，没有不满足，只是宁静无声。

我的身体瞬间消失了，和空气和墙壁和周围的一切融为一体。

在这一瞬间，空气、墙壁、周围的一切又消失了，一片虚无，没有声音，没有颜色和任何动静，像是进入了真空。

当我回过神来，一切又聚合了，像是一个细胞，回归到了生命的最初，和无垠的宇宙万物合为一体，拥有和宇宙一样的力量，散发出温暖的光芒。

在变化中遇到更好的自己

珍惜着每一次情绪的来临
和措手不及的变化
也只有这时候
才是修行的考验

去修五加行的事情一再变化。

从春天到夏天，从六月到七月，再到八月；从十个人到五个人，今天师父又说不一定会去修，或许机缘还不够成熟。

为什么变来变去呢？是什么原因导致的呢？是否世间任何事情都没有固定答案呢？

我很想问问师父，可是电话打不通。于是在脑海里琢磨，寻求一个解释。

记得修五加行这件事，最早提出是在半年前。

师父希望我次年夏天去修五加行，可我不乐意去，怕苦怕累。

师父说他会亲自带我一起修，我修多少，他陪着我再修多少，怎么还可以叫苦叫累。

又过了一段时间，我发现自己在修行中力不从心，很渴望能再次突破。

那时候我开始暗想，一定要好好发心，夏天去修五加行，去师父那里闭关，把五加行完整地修完再回北京。

但是推算时间，夏天会碰上出新书的问题，有可能无法全部完成就得中途回来。

出书和修五加行都是为了修行，为了帮助更多的人。那么既来之则安之，哪里正是缘分具足的地方，就待在哪里好了。

这些都一再变化。

还有我的一个朋友，听说我到夏天要去色达闭关修五加行。

他从好奇到毅然决然地非要和我一同去，几个月来，他也发生着变化。

从这些事情上来看，我们每个人都充满了变数。

那么去修五加行时间的变化，又有什么好奇怪的呢？

更何况师父总是给弟子最合适的方法，就如药太浓会伤身体，药太淡则没疗效。

可师父他从来不会命令徒弟，也不会责怪徒弟，只是静默地看着徒弟们在世间尽情折腾。

可能有时候师父这颗定心丸，甚至让徒弟比往日更加敢折腾，直到深深埋藏在内心的那个自我被完全释放出来。因为只有这样才可以真正发现自己，彻彻底底找到自己，从根本上认识自己，才能算是真正的从内心修行。

真正的善知识，真正的心灵导师就是有这样的本领。在他面前，你无法抵抗，无法控制，会暴露出自己深埋着的毛病，然后不得不去面对，不得不进步！

你会发现，你所问的、所求的、所执着的一切问题，这一路上，师父都在用最恰当的方法给你解答。你也只有越发精进向前，才会越来越感受到他的慈悲，他的用心良苦。

然而你曾经想要的、希求的一切，都不曾留下，也不再会留下。

唯独你那颗越来越清晰明了的心，越来越从容的心，会永远陪伴着你。

因缘生，因缘灭，就像日升月落一样周而复始。

所发生的一切，都那么变幻无常，唯一不变的就是自己不停反观自省的心。在因缘到来的时候，这些都能成为自己进步的助力。

当看到自己成熟的时候，你就不会再因为得失而痛苦；当看到自己进步的时候，你就不会再因为情绪而左右自己的心；当看到自己稳健的时候，你就不会再因为外因而扰乱思绪。

珍惜着每一次情绪的来临和措手不及的变化，也只有这时候，才是修行的考验。

到底是什么重要呢？在情绪面前、诱惑面前、困难面前，要成为一个什么样的人，将如何取舍？

心随风动，被情绪牵绊，这是一种习惯罢了。

自己有了发自内心的愿，就建立了一个新的习惯，再以这个新的习惯，来面对一次次无法控制的习气。愿的力量有多大，克服习气的力量就有多大。

倘若无法自拔，那也只能算是还有那么一点心存侥幸。

你如果想成为一个什么样的人，就要有所改变；而不是现在的格局一成不变，然后有一天你突然变成了所期望的样子。这样即便是连线游戏，也无法连成一条线。

当你发心发愿，希望成为一个什么样的人，就开始了颠覆自己的习惯，然后去重建自己的过程。

所以痛苦也好，难以想象也好，这都不足为奇，甚至是必然会发生的事情。

只要自己的方向是对的，哪怕被意想不到的难题搞得一时不确定自己做得对不对，那么仍旧没问题。前进也好，原地不动也好，哪怕一时退回几步，只要方向没有错，只要决心不退转，一路上经历什么，都是美好的过程，终将到达你选择的目标。

记得师父曾经说过，不管你在做什么事情，如果你发心把身口意都供养给众生，还谈什么是不是浪费时间?

无论遇到什么事，最重要的都是时时刻刻观察自己的心，看看在任何时候，遇到任何顺境逆境，你的心里装着的是什么。

我们可以修得不够好，也可以走得很慢，但是每一步都不放逸，不离开自己目标的方向。

此生的旅程充满了诱惑与精彩。它美丽，令人怦然心动，因为所有的呈现都只为让你越来越贴近自己的心。

灵魂有了方向，身体才会勇往向前，不停留，不彷徨。

第三章

如是·旅途

跋山涉水

朝圣的路

亦是生命流亡的路

天地之间 万般浮华

唯有头顶的月 脚下的沙

生生世世还记得我

此刻 独坐菩提树下

银山四面沙环抱 一池清水绿涟漪

曾以为去远方可以紧紧地搂住自己

如今却在笛声中闻着野草的清香

光明智慧在胸口跳动

所追寻的梵境 即是这满月的夜空

浮华落尽 月色如洗

悄然而逝 飞花万盏

一次转身 一缕梵唱

一切有了开始

上路，回色达！

你从未拥有
又何谈放下
你什么都没见过
又何谈从不被诱惑
上山学本领
入世见真知

一

随时准备着无常的到来。

如果无常来了，我会放不下什么呢？

世间拥有的一切，只不过是我们内在念头的呈现。你的心渴望着什么，就能看到什么。然而，当灵魂的目标足够明确，此生只为做好一件事时，那么遇到什么、失去什么都不重要，因为心的信念便不畏无常。

这就像一条河流，无论是在山涧宛转流淌还是纵身跃下，无论是遇到险滩还是岩石，一定会稳定地往一个方向流去，那就是觉悟之路。

有人说："朝圣之路，计划没有用，靠的是发心。"

可是，生活中何尝不是时时刻刻如此呢？

世事的本来就是无常，面对无常做任何大事小事，都依靠着自己内在的发心。换句话来说，也就是你的决心和坚定。

然而你的心中装着什么，就会见到什么样的世界。

只不过在朝圣的路上，人们会更关注自己的起心动念，会比平日里的心更清醒，更容易觉知内在当下的真相。

二

这里的司机都会诵经。从成都到色达的车上，一路上，司机口中都在喃喃持咒。他的车里挂着哈达和金刚结，他的笑容无比灿烂。

你来到圣地，内心的投射，还有这样的蓝天白云、雪山经幡，把一切你所渴望的美好凸显得更加清晰。

人们都说，亲临圣地并不是高坐庙宇中，而是走在大街小巷，那里随处都有可能潜藏着大修行人。

我想在世界上任何一个角落，你身边的每一个人都会是成就我们的老师，然而需要你用坚定的心才能发现。

这让我想起一位长者的教言："所有众生，无始[3]以来以无数的方式赐予我们无数的恩德，一步步成就更好的自己。"

3　佛教认为一切事物，如众生、生死、时间等都是没有开始的。

这些，让我变得更加平静、真正谦卑，心中充盈着满满的爱。

三

一路向前，去色达，心中并没有什么特别的感受。

从决定从北京出发，到此刻坐在越野车上，还不到24个小时。

这只是生命中一场缘分的呈现。任何地方都是我的香格里拉，任何人都是我的老师。

何况我与我的师父，其实一刻都不曾分离。是他给我信心和鼓励，让我遇见最究竟的灵魂导师——那就是自己的心，那永恒不灭的自性。

不知道从何时开始，我感觉每天都像在做梦，甚至分不清自己是梦中人，还是在静静地观看一场梦。

我的身体只不过是一个承载念头的工具。就像一个杯子，把水装在里面，无论换成什么模样的杯子，水总归是水。

世事无常。就如都是自己的念头，一拨拨的人，一件件的事，总是在因缘聚集时发生，又在因缘消散中结束，就像天空中的云朵，随风而动。

我只有一个念头，就是这颗寻求觉悟的心、自利利他的心，这是生命中唯一的路。

四

第一次发现，挡风玻璃的雨刷竟然那么管用。

穿越泥沟的时候，车里面突然变得漆黑，只需雨刷刷过一下，突然就恢复了光明。

司机说，在成都车子是白色的，现在车子是黄色的。一会儿见到你师父，车子就变成黑色的了。

车掉进了水坑，像是突然开进了喷泉里。我高兴地哈哈大笑，司机也跟着哈哈大笑。

他说我们差点儿熄火。

我说："只是差点儿熄火，只是差点儿。"

然后我们接着哈哈笑。

我高兴地唱着："卓布琼琼，迪莫音，卓布那个琼琼，迪莫音！（小朋友，你好！）"

五

这一路上，一会儿下雨，一会儿下雪，一会儿天晴，真是世事无常的最好诠释。

然而心中的喜悦看到了世间的无常，从容地经历着无常。因为人间如梦幻的剧场，我们要演好每一刻的角色。

全然观察着痛苦和快乐的时候，身心都经历了什么？就如呼吸着四季的空气，分别都有何不同？

切莫被恐惧和傲慢带到无明深渊，任何生命都有资格绽放出内在的光芒。

你如若有心倾听，去看春天的哪一刻，小草开始破土而出；秋日哪一天，叶子从容俯身回归大地。再去感慨你的喜悲、你的觉悟，究竟是怎样的一种体验。

六

沿途的公路上，很多喇嘛拄着木棍徒步前行。

他们发出爽朗的笑声，这样的声音像自山间奔腾而下的溪水，真诚而又清澈。

这里虽然物质贫乏，却是最美的地方。他们拥有的是什么呢？其实是世间人们所追求的最本质的东西——喜悦和宁静。

任何人拼命工作也好，争名夺利也好，不都是为了满足自己的心，让自己的心能够喜悦吗？

谁不是为了纯真和美好？事实上却走着走着，就被欲望偏离了轨道，忘记了灵魂的初心。

我曾经感慨，灵魂需要的和欲望想要的，其实是两码事。

然而，这是个让人搞不懂的时代。就拿人们的衣着来说，过去任何一个时代都有它的风格特点，可当今时代好像是打开了时空大门，有穿古装的，有穿得像旧上海滩的。时尚的前沿就是回归复古，一切都不足为奇。

越是这样多元共生的时代，对于发心纯真、内心坚定的人越是修心修行的最好时机。只有物欲纵横、乱花渐欲迷人眼时，才能考验出你的真心。

你从未拥有，又何谈放下？你什么都没见过，又何谈从不被诱惑？上山学本领，入世见真知。

一个人受苦难的程度，一定等同于他觉悟的程度。只有走过荆棘丛生的路，才能谈一谈你取到的是不是真经，你真正的经验是什么。

七

到了色达，从决定到抵达，刚刚过去 24 个小时。

很多事情并没有那么复杂，只需要想好为什么要做，是不是由衷地想去做。

这样那样的困难，这样那样的担心，或许并不真实存在。只有真正去做，才会发现事情究竟会怎样发生；也只有在做的过程中，才能历练出你的智慧。

问题简单还是复杂，这都不是关键，唯独不可或缺的是明确的目标、坚定的信念。

在做的过程中，我们要有承担的准备。任何事情的选择都不是绝对好或绝对不好，只不过是我们选择的一个方向而已。

困难不会改变你，甚至还会让你进步。

唯独热情不在的时候，才是目标发生改变的时候。

依然不知何时，我的世界里没有了失去，没有了拥有，没有了得到，没有了付出，只有各种各样的因缘。

整个世界如同慢镜头一样,时空悬停了,却没有什么是固定的,所有的一切都生机勃勃、光芒四射。

抵达色达，白雪覆盖的千山，云朵流动的天空，又看到了如此美景。

然而每一次远行，都像是回到了心灵的家。每一次远行，都只为了离自己的心更近。

更幸福的是，在这有生之年，在自己还如此年轻的时候，就找到了这条心灵的喜悦之路。

彻底拥抱自己的心

这靠近天空的地方
有成就者的足迹
一切内心的修行
都是独立的
没有绝对的对和错
只有真心和假意

在北京连着写了几天稿子，没怎么休息又夜以继日地赶路，自然会有些高原反应。

精神摒弃的归于物质，那么物质摒弃的归于精神。这个享誉世界的心灵学院，确实生活条件十分艰苦。

没有水管，用的每一滴水都要从山下挑上来，晚上七点到早上七点有电。房间里唯一的电器就是头顶的那盏瓦斯灯。

那数以万计漫山遍野的小木屋，是一间间灵魂实验室。这里除了高山、白云，纯净得只剩下与神识的连接。

在学院的第一天晚上，我醒了很多次，头痛得厉害。由于气压的原因，太阳穴和眼睛都胀得快要爆裂了。

有一次我感觉头发在动，刚开始以为是疼出了幻觉，后来发现不是的，确实是头发在被什么东西扯动。

我打开床头的手电筒，一只老鼠正和我四目相对。

我就倚靠在床头，没有起来，也没有睡去，而是反思自己的问题，想记录下来。可是手电筒突然没电了。平日的决心，那颗不畏苦难的心，只有在身体受苦之时，才能考验出自己的真心。

此刻，多少人正羡慕我这说走就走的圣地之旅。

其实，任何人的生活都没什么好羡慕的，你真的了解别人吗？你所感受到的所谓别人的生活，无外乎是自己内心对他人的投射。

古往今来，无论装束打扮怎么变，吃的用的怎么变……世界再变，无外乎爱别离、怨憎会、求不得，这亘古不变的心心念念。

想要修行，在哪儿并不重要。真正感受到什么，坚持了什么，做到了什么，才是修行的意义。看到老鼠的那一刻，我还是会害怕，这是旧有的习惯。别人都可以在这里常年生活，我为什么不能？况且老鼠是这里的主人，我才是不速之客。

在身体极度痛苦的时候，我开始幻想在家的生活，试想能有一个亲近的人照顾我。可是恍然间，我又觉得自己很可笑。我的那颗所谓出离心呢？我的那个信誓旦旦什么都放得下的决心呢？

这又是什么习气？我又如何忍心让自己因一点皮肉之苦而陷入执念？如果自己都不了解自己，又有何德何能让别人懂你？

这靠近天空的地方，有成就者的足迹。一切内心的修行都是独立的，没有绝对的对和错，只有真心和假意。

此生只是为了让你勇敢地去体验，只有不再执着每一个念头，才能彻底拥抱自己的心。

心中不停回味着《心经》里的那句话：心无挂碍，无挂碍故，无有恐怖，远离颠倒梦想，究竟涅槃。

点燃生命的光芒

每一个用行动印证经典的人
每一个用生命穿越苦难的人
都像一道温暖的光芒
照亮自己，照亮他人

这次我只是来色达办事，住在了学院。然而这段生活刚刚持续了不到一周，我如果永远待在这里，一定会憋死。并不是我觉得枯燥，而是起码这样的生活方式和我的人生目标并不吻合。

这只是世间的另一个小社会，一部分以修行为人生追求的人，一种叫作出家人的人聚集在一起。这只是另一个生活环境。

如果真正想修行，想自利利他，不是非要选择一个什么样的环境，而是接纳当下你正处于的环境，去做好你应该做的事情，去完成你应该做好的事情。比如说，做好你当下的工作，做好一个母亲或父亲，做好一个妻子或丈夫，做好一个女儿或儿子。

倘若万般皆空，那又何必执着身在何处？倘若修行是心怀慈爱，那又为何不能有益周围的亲友呢？如果说奉献的话，为何不能尽力做好当下的工作，来感恩这个给予自己付出的机会呢？

世界上没有好的修行方式，只有适合你的修行方式。

修行不遥远，也不高妙，它发生在每一个念头来临的时候，在于你如何觉察，如何做出行动。

真正的修行，不是让别人觉得你变得更稀奇古怪、难以理解。你也不能认为只有极乐净土，只有圣地，只有形式上的道场才是洁净的地方，所有的地方都混浊不堪。如果以分别的念头，去判断出家才是好的，去圣地闭关才算是修行，那未免太停留于肤浅的表面了。

如果修行给自己和周围人带来的只是诸多不便，并没有减少自己内心的烦恼，那么是时候好好想想了。

很多人在生活中遇到迷茫和痛苦，所以去寻找信仰。那么你的初心一定是解决好当下的生活，而不是推翻过去的生活，重新去追求和塑造另一个生活。

真正的修行，持续发生在方寸之间，发生在每一次呼吸、每一个当下。

不是为了追寻，而是为了安住。不是为了掩藏和躲避，而是为了勇敢和坦然面对正在发生的一切。心不起杂念，意不被困扰。

修心和做世间的事业一样,都需要去真正实践。想得多做得少，不会获得任何成就。看的书再多，拜的师父再多，感慨再多，当自己真正面临苦难和诱惑时，你又是如何面对的呢?

当真正面对生活时，似乎所有的大道理都显得单薄无力。你只需要真正升起信心和勇气，热情地投入行动，自然而然就会点燃生命的光芒。

我是谁？究竟做得好不好？对于一个修行人来讲，觉察自己，具备自知之明，这是最起码的标准。不需要任何人的恭维和任何人的赞许。

修行这条路，是生生世世的路，也是生命唯一的路！

或许生命的呈现只是为了不停地去经历、去体验。不要畏惧，只有经历世间所有的苦，才能穿越所有的苦，从心中升起慈悲之爱。

是否精进，是否有学问，是否有财富，是否受人瞩目，都与你是不是一个具有德行的修行人无关。

修得好也并不需要让人看见，因为修行本身就是为了破除对虚荣的执念，虚荣又是来自对被忽视的恐惧。然而一个真正的修行人，时时刻刻都在观照自己的心，又何谈是不是得到别人的认可？

只要自己的信心足够坚定，生命终归如一条河流，稳定地往一个方向流去。

修行没有好或不好，只有你的心是否纯真，是否有爱。

回忆过往，为什么能够获得内心的独立和自由？依然是因为“愿力”！

我也会遇到烦恼，而且对身体和心理比较敏感的我会比许多人感受更深刻。

我的第一本自传体小说《这才是开始》，提到了我曾经得抑郁症的那段时间，用了中药、西药、艾灸……能想的办法都用了。突然有一天，我恍然间意识到：“你经历的苦，从来都不是世界上独一无二的苦，如果你无法降服自己的心，从苦难中走出来，又何谈自立立人？”

懒惰和享乐应该是人的天性。然而人与人之间为何不同？想必是因为抱负不同。俗话讲是“立志”，修行讲是“发愿”。有的人自顾自就好，甚至自己还不愿对自己负责，而有的人却心怀大家，心怀社会乃至苍生。

虽然心中承载的多，但我们面对生活的勇气也会更大。

也就是这种愿心，让我摆脱了一切医药，从抑郁中彻底解脱，把自己所有的真实经历写出来，帮助了很多人。这就是愿心的力量，也是苦难的价值。

生命的智慧就在那里，无数的经典都有记载。每一个用行动印证经典的人，每一个用生命穿越苦难的人，都像一道温暖的光芒，照亮自己，照亮他人。

即便在贫瘠之地
智者也会种下点燃爱火的种子
即便在温暖之都
愚者也会踏灭正在燃烧的爱火
又回到贫瘠之地

一颗清净的心

三天前，我从山上下来，搬进了师父的居士林。这里住的条件会好一些，但是今天清晨又停电了。

我和师父在烛光中静静地坐着，静默无声。

平时那么桀骜不驯的我，此时才发现自己还是挺害怕师父的。

他那么慈悲，总是无微不至地关怀着我，我究竟害怕他什么呢？

此时此刻，这个寂静的房间，好像只剩下微弱的烛光和我的念头。

一切都静止了，能听得到自己的心跳。我努力不让自己有任何杂念，可不知道如何才能让自己心如止水。

我有些紧张，干脆主动向师父坦白。我说：“师父，您那么慈悲，可是我还是害怕你。”

他笑着问我：“你怕什么呢？”

我说："因为自己不够好，依然有太多缺点。但是我知道，自己的起心动念都逃不过你的眼睛，所以如此紧张。"

师父笑而不语。

我知道我怕的不是师父，而是自己的心，那个还有很多缺点和杂念的心。

师父如此洞察我的心底，我一切压抑在内心深处的起心动念，都逃不过他的眼睛。所以我总会主动反省自己，此刻这也是在师父面前最合适的状态。

倘若没有勇气抬头面对师父，就没有勇气和智慧去看自己内在的更深处。

面对师父，最简单的办法就是真实。

因为追随师父学习，本身就是为了修心。如果你一边想遇到好的师父，一边又想在师父面前试图表现自己最好的一面，用小聪明和小心思伪装，那么你能够骗过的师父，还称得上好师父吗？

在师父身边，只要你愿意学习，他的言谈举止一颦一笑都是法。他从来都不说没有用的话，做没有用的举动，他表现出来的一切都可以让你去观照自己的心。

一个真正的心灵导师，因为心怀慈悲，所以没有自己，他的使命就是帮助你找到自己的心。

或许，师父比你更了解你自己的心，他也比你更知道如何爱惜你自己。

晚上，师父叮嘱我洗脚、吃药。早晨，去学院开法会，师父嘱咐我一定要披上那件喇嘛红的厚斗篷 。我说自己没有出家，穿这个会不会让别人生烦恼。他不回答，只是说今天法会要在地上坐一天，你要穿暖和，身体好最重要。

师父一直关心着我的身体。他说身体也是修行的坛城，好好爱惜自己的身体，能够驾驭自己的身体，也是修行的功课。

长着一双纯净的大眼睛的小师父开车，加上师父我们一行三人，一路开往学院，去参加长寿佛法会。

车窗外是辽阔的山，天还没有大亮，透过车窗我看着它们在眼前，朦胧缥缈且一望无垠。最远处，视野的尽头，天空和雪山连成一片，我分不清是山川还是云朵。

车里放着“莲花生大士言教”的诵经声音,那么寂静,那么幽远，像穿越了几个世纪。

我的师父，他此时此刻就在我的身边。

记得八年前，他找到我的那一刻，或许就知道我将会怎样。可是他仍旧看着我，陪伴着我，接纳我的一切决定，陪着我一点点明白。像呵护一粒种子，悉心浇灌，让我自己破土而出，去经历风雨。

无论在禅修中还是生活中，师父教给我的诀窍，就是时时刻刻观照自己的心。

这么多年以来，我从未与师父约定过我们要什么时候见面，却总是在一个恰当的时机相聚。

我笑着说：“师父，你总是在应该施肥的时候给我施肥。然后把我放养，让我继续自己去摔打去经历。”

今天法会，师父给所有参加法会的僧众供斋。

师父很慈悲，也很严厉。昨天法会的时候，他一再交代我，不要吃法会的供斋，去自己随便买点东西吃。他说他自己也不吃，我们都没资格吃。施主一粒米，重如须弥山，只有真正具德的僧人才可以吃。吃了众生的供养，就要真正为众生做事。

师父的皈依册子上面是所有弟子的信息和照片，无论他走到哪儿，都会随身背着。记得有一次和师父一起去拉萨朝圣，到任何一个地方，他都会拿出皈依册子，给每个弟子做加持。无论他再忙再累，每天都会关照一遍每个皈依过他的弟子。通过各种你知道或者不知道的方式，为弟子祈福。

我们总会用心去投射一个你爱的人、你尊敬的人的样子，然后越相处就越失去信心。大多数情况下，并不是别人真的做错什么，而是我们只是在和自己投射的标准相处。

然而，真正的大德，真正的老师，却是你越和他相处得久，越会从他身上获得更多的信心。因为他早已没有对自我的执着，正如《心经》中的那句“照见五蕴皆空，度一切苦厄”。

记得曾经有这样的一句话：你如果真正以清净的念头发心修行，就一定能使缘分成熟，遇到你的灵魂导师。

我们能遇到指引自己身心到达彼岸的师父是一种福气，更重要的是靠自己纯净的心和坚定的毅力。因为对于我们任何人来讲，你心中装着什么，就会看见什么。

即便有再好的师父，你没有一颗清净的心，依然遇不到。就像同一片天空下的众生，却有不一样的感受。

师父再好，我们的心不够清净，依然无法学到真本领。师父再不好，我们如能够对修行持有信心，所经历的一切都将是成就的助力。

执着师父，就如执着一根救命稻草，执着一个心灵的避难所。

即便在贫瘠之地，智者也会种下点燃爱火的种子。即便在温暖之都，愚者也会踏灭正在燃烧的爱火，又回到贫瘠之地，却问天问地，哪里有爱和温暖。

你坚信自己的心，你所感受到的智慧和慈悲就会从你心中升起。

修行，终将是为了学会勇敢地面对，独自上路。

平凡美好的一天

真正的智慧
早已和天地自然融为一体
而智者就是自然的桥梁
让每一个渴望回归的灵魂
都找到回家的路

这段时间，我和师父朝夕相处，是学习的大好时机。他总会让我本以为平静的心一次次陷入考验，再一次次靠自己的信心去处理问题。

今天师父把单反相机交给我，派我去喇嘛经堂拍照。

刚开始我有些犹豫，僧人们都在开法会，我去拍照合适吗，会不会影响别人呢？但是既然师父让我去，也只能硬着头皮去做。

我带着无比恭敬的心往经堂走去。心里想着，如果别人被影响，那就是他的定力不足；如果他对我有分别心，也是他的修为不够。我只需要端正自己的发心，放心拍照就好了。

在拍照的过程中，我遇到了一个喇嘛，他冲着我喊了一句“你胆子真大”。在经堂门口脱鞋的时候，还有个不友好的小喇嘛，用自己的鞋子砸了我一下。

但是与此同时,也有对我很友善的喇嘛,打招呼或者满面笑容。还有个小喇嘛跑过来和我说话。

这些不同的体会，让我时刻觉察着自己的心，从犹豫到怀疑，直到想明白，变得有自信。那么生命中遇到的任何事情，都是帮助自己的老师，只要心中有笃定的正念。

人与人之间再亲密，也都是相对存在、各自独立的。但是人与人之间，又都是相互成就的关系。这一切如何把握，只有靠自省的心。

我总是心里一想事情，就会发呆，满脑子都是那件事，什么都不会引起我的注意。

突然听见阵阵清脆的铜铃声，闻声寻去是一个老喇嘛，手里拿着铜质的法铃正哗啦啦地摇晃。他一脸灿烂的微笑，真像是来给孩子们送礼物的，一边嘴里念念有词，一边手舞足蹈。他正被一大群人簇拥着，往我这边走来。

大家都围着他，希望得到他的加持。可我对这些不感兴趣，曾经总是固执地认为，修行是自性，修自己的心。即便真正的圣者来到面前，自己的心不明朗，再加持又能怎样。

可当时不得不承认，那一瞬间，我被老喇嘛感染了，我竟不由自主地站了起来，双腿带动着身体，情不自禁地跟了过去。

那个老喇嘛就好像是明媚的太阳，只要是内心渴望光明的生命，都会跟随着他的脚步，任凭你有再多的理智。可是美好的力量却是不加评判、不由自主的。

任何生命都有渴望解脱、渴望光明的自性。在强大的纯净力量面前，心性的呼唤会突破你的一切情绪和理智。或许是因为这些，所以有很多人见到师父会流泪,来到这离天空最近的圣地会被震慑。

一天的法会结束了,那个在经堂结识又在经堂离别的老居士，还有那个亲切的小喇嘛，我看着他们离开的背影，消失在人群中。

任何人的分离，都有可能是这一世最后一次相聚。然而相聚和别离，这是人生频繁上演的剧目。

无常时时刻刻都可能发生，面对各种各样的离别，我有时候表面看起来无动于衷，心中却在默默祝福，希望每个人都能获得生命中深刻的喜悦。

世间的一切，没有绝对的好与不好。发生的那一刻，只不过是因缘成熟的那一刻。至于那一刻让你进步，还是让你痛苦，就看你自己的选择了。

我们只需要保持一颗开放的心，去静静观看所发生的一切。所遇到的一切境遇，一定是为我们量身定做的最好的安排。所有的情绪都是我们还没有修炼好的弱点。那么这出戏中所有的角色，必定是我们内心成就的恩人。

我是多么感恩师父，让我在那么年轻的时候，就找到自己心灵的方向。但是感恩和感慨又有何用，只愿自己更加的精进和坚定，把所获的智慧和爱传承给更多的人。

此刻，我坐在车里，透过车窗，看着一拨拨从经堂里走出来的人。他们表情各异，形态种种，仿佛是一场无声的电影。我是电影里的人，却又像是毫不相干地看着这场电影。你可以导演自己的人生，去选择扮演不同的角色。

无论是穿上袈裟，还是在这灯红酒绿的城市，不同的心让你体验到不同的世界。

如果怀着一颗自利利他的心，无论身处何地，都会是人中之宝。这需要足够大的慈悲心，足够大的定力。如果真的具足了出离心，看到了生命的本来面目，还谈什么定力？因为眼前的一切本来就是因缘聚散，由心想生[4]，也很难再升起执着。

这些天在师父身边，我从来没有见过师父主动去挑剔任何人，嫌弃任何人，他表现出来的都是无限的慈悲。就连师父都不会指责别人，更何况我们这些一身毛病的人呢？

师父教导我们的方式，总能找到最恰到好处的点，引导我们去反省和自知。

我想这就是智者的慈悲和智慧吧。真正的智慧，早已和天地自然融为一体。而智者就是自然的桥梁，让每一个渴望回归的灵魂，都找到回家的路。

不要着急去影响别人，不要着急宣说你的见闻，只要自己足够光亮，自然能够照耀得更远。

4　指所有的事情都是由你心中所想而显现的。

马蜂的启示

你总是怀疑
整个世界给你的都是怀疑
你一心悟道
整个世界给你的都是禅机

坐着上山的大巴，我闭着眼睛捋捋自己的思路，有意无意地思考着。

刚一睁开眼睛，我就看到一只马蜂正趴在胸前。

那一瞬间的确有点紧张，但马上回过神来，我在紧张什么呢？它也只是一个生命罢了，为什么第一反应会害怕呢？或许是长久以来的经验给我这样的概念吧。

随之放松了心情，我脑海里开始思考。如果马蜂真的要叮我，或许也会有这样的因缘吧，没准没等我发现，早就叮过了。说真的，我还从来没有被马蜂叮过，不知道是什么滋味，所以让一切都自然而然发生吧。

我全然放松，没有了丝毫的恐惧和排斥，就那样坐着，第一次那么近地观察一只马蜂，它的腿上竟然有那么多毛……我开始在心中寂静地祈祷，无论与这只马蜂有什么样的缘分，愿此时此刻都将转化为美好。

此时的它，愿意趴在我的身上，它愿意趴就趴，愿意趴多久就趴多久吧。

马蜂和我的遇见是缘分，我的灵魂住在我这个身体里也是缘分，一切只是因缘的聚合，一切和我本该清净无染的心也无关，那么就让它发生吧。于是我闭上眼睛继续休息……

觉知当下一切状况的我，因为心无挂碍，所以只是寂静观察着细枝末节的变化。

当我再次睁开双眼时，马蜂早已不见了，整个车厢都没有发现它的踪影，就好像那只马蜂从来没出现过一样。

但无论如何，那只马蜂出现的那一刻，检验了我的心性，让我看到自己的心，并且让我进步。也让我看到，我们的觉知决定了我们的行为，决定了所看到的世界。那么，所有的“法”，所有的办法，就在你的身边，在每一个时刻。

面对一个突然出现的情况，任何人做出的任何反应都不足为奇。在突然的反应中，所有的细枝末节只是他内心深处习惯的暴露。

密法之所以“密”，玄学之所以“玄”，是因为修行真的是冷暖自知。

“法”就在你的身边。你如果用凡夫心，用你那卑微的鄙见判断，就根本无法感受到“法”的存在。就像你用世俗的心去求出世的智慧，根本就行不通。

真正的法，真正的慈悲和善缘就在你的身边。你总是怀疑，整个世界给你的都是怀疑。你一心悟道，整个世界给你的都是禅机。

除非你仅仅把修行、打坐、参禅悟道都当成兴趣爱好，这种爱好和有些人追求名包名车没有什么太大的区别，都仅仅是一种兴趣爱好。

但是如果你想真正修行，你就必须接纳你害怕做的事情。

任何时候你不能怪别人打扰你修行，或许你只是不愿去做别的事情，就躲避在所谓修行里。那是一种欺骗，更是一种对修行的不恭敬。

你决心修养身心，并不意味着可以躲过所有烦恼。

你反而会遇到比普通人更多的曲折，因为修行不是为了得到什么，而是为了彻底放下更多。修行不是塑造一个新的自己，而是去伪存真解决更多的问题，让自己真正了解自己。

一个修行人遇到苦难，是最值得庆幸的时刻，因为这预示着又凸显出了一个内心的弱点，如果解决了又可以往前进一步。

直到有一天，怎么样你都感觉不到不适应，怎么样你都觉得恰到好处，任何时候你都感到自在，那才是真的自在。

这才是修行的真正意义所在，勇敢地面对痛苦，找到痛苦的根源，而不是逃避痛苦。

最本真的情，最纯粹的爱

当发现香格里拉就在我们心中
的那一刻
整个世界温暖寂静
它呈现出最美丽的姿态
只为给最愿意欣赏它的眼睛

我穿行在每一个大殿，感受着每一个庙宇的故事，一句句经文在脑海中浮现。不知历经了多少风霜雨雪，一个个圣哲才得以诞生。

对于生命来说，谁没有情？谁没有念？可是不平凡的灵魂，有着坚定的愿力和决心。或许这才是对生命最本真的情、最纯粹的爱。

从中午一直到傍晚，我的眼睛紧盯着快门，随着焦距的变化，全心全意地观察每一处风景，心可以那么安静。

这世间的风景，每一个角度都那么美，只需要用心去感受，世界其实如此安静，如此平和。

在我们面对苦难去寻求解放的那一刻，我们就踏上了寻找香格里拉的旅程。当发现香格里拉就在我们心中的那一刻，整个世界温暖寂静，它呈现出最美丽的姿态，只为给最愿意欣赏它的眼睛。

一天下来，拍了一千多张照片。

晚上在静坐的时候，我总觉得手里抱着个照相机，闭着眼，眼前都是焦距和镜头。显而易见，因为白天拍照片太多，形成了意识中的一种习惯。

这才是一天，那么我们生生世世的习气呢？

有的人一学习一诵经就会昏沉，可是熬夜玩、看电视剧，就可以整宿不休息。为什么呢？这就是一种习气，人们总会对经常做的事情感到轻而易举。

看看自己做什么得心应手，那就是你生生世世总在做的事情。然而如果我们想去修行，那么对进步毫无意义的事情，哪怕很难改，也要下定决心去断除。

我们所习惯的事情并不一定是好的、对的，有时候不去改变，那一定是还心存侥幸，并不觉得有多不好。然而当你真的下定决心改变，新的生命体验才会开始。

对于一见钟情来讲，并不是真的就喜爱上了某个人。对我来说，只是见到白净的男孩会多看几眼，白净的女孩也会让我停留注目，归根究底只是喜欢这一类型的容貌，这也是自己带着的一种习惯。

所以但凡觉得顺眼，又恰巧聊得投机，就自然会心生爱慕，所以无关于那个人是谁，出现在什么时候、什么地方。这种特定种类的爱慕是一种习惯。

但是生命中所出现的每一个人，必定是因为缘分。

出现的时机是不是恰到好处，是善缘还是孽缘，这真的无法评定，因为一切都由每个人的内心吸引。这样的道理，无论用宗教的因果论，还是心理学的分析，都讲得通。

由此可见，当我们因为某个问题而让情绪变得不稳定时，这个问题只是表象。我们冷静地感受一下，刨根究底，把情绪剖开了、碾碎了去深究，才发现问题的根本原因都出在自己的潜意识当中。

大多数人一定会顺遂习气，认为这就是自己。一旦违背了习惯，就会失控，会不适应，会想尽办法满足自己的习气。这就是所谓轮回，只因我们习惯了旧有的方式。

当识破自己的习气根本不是真正的自己时，觉知它，就有机会降服它，不再轻易被习气牵引，这才是真正的自由。

修行，也是这样一点点修正自己的心和自己的行为。

今天正好赶上寺院里的节日。梵音响起那一刻，我的心像被磁铁吸引，瞬间变得沉静，什么念头都顾不得想了，只是静静地感受当下的场景。

记得第一次到五台山，一路阴雨，没来由地感到堵塞，莫名其妙地难受。我努力探究根源，可是心却像被突然来的一团迷雾所笼罩，并不是那么容易找到源头，或许也是和天气有关吧。

就像此时此刻的心情，我被阵阵诵经声瞬间带入宁静。

中午天空彻底放晴，一阵阵“南无消灾延寿药师佛”，在场的所有僧众齐声念诵，太阳周围出现了殊胜美丽的巨大彩虹。

很多人都拿出手机拍天空的景观，我想这不是什么奇观。在场的游客、居士还有出家人，无论出于什么样的发心，利人还是利己还是利人利己，肯定同样怀揣着向往美好的心。

因为此刻人心都变得宁静，与自然合一，道法自然。当人心和天地共融，天空、太阳必然显露出最美好的姿态。

如果说美好的奇观是我们美好内心的显现，那么所有的灾，同理也是人心欲望、贪婪、躁动不安的显现。因为这个世界是我们共同的家园，住着什么样的主人，就会有什么样的房子。

我们的身体受到内心的主宰，也是如此，一切病源，一切灾难，都源自自己的心。

修心虽然是自己决定的事，但是修得好，就是对生命、对世界最大的善举。

不是它不美，而是你不懂

以身外身，做梦中梦
此刻的我却像是
闯入了极美的画卷
或者我就是画中人

在五台山南台，有一处寂静空旷的山野，我离开了队伍，情不自禁地往山间走去。

面对着眼前的山川雄峦，我初次到访，却像是一见如故。这不是一见钟情，而是久别重逢。

不停往山上走，顾不得脚疼，也顾不得上厕所。情不自禁地把嘴巴张得老大，被眼前的山川天空吸引。

它那么美，那么辽阔，亲近得触手可及。此情此景的静谧，使自己的心感受着千年万年的永恒。它历经一晃千年的岁月，而我的生命何尝不是浮生若梦，只是弹指一挥间的刹那。我一边思索着，一边继续往前走。站得越高，看得越远，风景就越辽阔壮丽。

那么对于我们的人生来讲，就没有理由不去让自己的心更辽阔，因为不是这个世界不够美，而是我们自己还不够懂。

倘若固执己见，活在自己的痛苦和揣测中，实在是荒唐可惜。

天空、白云、青山、绿草和漫山的野花，蝴蝶就在我手边抖动翅膀，牛儿在我身后静静吃草。以身外身，做梦中梦，此刻的我却像是闯入了极美的画卷，或者我就是画中人。

我不禁躺在山坡上，放平四肢，不是拥抱天空与大地，而是回到了本该应有的自然状态，回到了身心的家园。

渐渐地，身体好像消失在意识当中，与眼前的画面融为一体。且听风声，深嗅青草的味道。

想必所谓圣者的加持，就是自然的加持。他不在远处，就在身边；不在未来的某个时刻，就在每时每刻；在风声中，在泥土中，在方寸之间。

圣哲就在自己心中，感知到自然之美，就是得到了最大的加持。

群山连绵，越远越淡，最远的山就是天空中的白云。

天空离大地最远，天空离大地却又最近。

当我们站在最低处，头顶是天，脚下是地。

当我们站在高处，放眼望去，天地相连。

所以这世间的智慧，取决于你所站的角度，也是内心的高度。

在上山的过程中，我总是拍到和别人不一样的照片，大家围过来争着看，总是问我："这么漂亮，我怎么没看到，这是在哪儿？"

我确实走了一些大家没有走的路，但不是故意不守纪律而单独行动。只是陶醉在美景当中，此行的目的，不就是为了充分感受圣地，记录感受嘛。

当确定了自己想要的是什么，选择的是什么，这个过程中付出的一切都值得，再大的险阻都不足挂齿。有一个生命的最终方向，不用自己的习性去选择、分别每一个对境，让对境更自然地出现，这都是最适合自己的经历。

无论是这次登山，还是在平日里的生活中，如果发现罕有人发现的角度，一定是信心给自己带来的勇气。

我们不需要面对任何人、任何事，只需要面对自己的心。

看到的一切起心动念，只不过是过去带给你的习气，看到习气才能不追随习气。通过一个又一个的对境，渐渐找到自己的心，我们也会越来越懂得真正爱自己，才能看到更多的美好。

不在乎别人的眼光，并不是刻意为了不在乎而去不在乎。当足够了解自己，对自己的选择充满信心时，谁还能比自己更清楚自己的所需？自己的内在足够强大，也不会寻求任何人的赞赏和评价。一颗自给自足的心，足以抵抗任何无常、任何状况。

这是最简单的活法，也是最智慧的活法。

上山下山,一路有人叫累叫苦,可“累”是多么正常的一个反应，也根本不足以成为影响心情的阻碍。此时此刻在圣地，珍惜当下的时光，用心感受大自然的加持，自己身心的疲惫也会消减很多吧，甚至也顾不得去抱怨身体的疲惫。

我独自一人，一路唱着小曲，一路微笑，心中满满的喜悦，仿佛踩着清风一般。

已经发生的，正在发生的，都那么自然，就像此刻天空中不停涌动的白云。正应了“行到水穷处，坐看云起时”的自在。

漂泊的舞台

不同的空间
是我们不同的舞台
不同的时间
要上演不同的节目

师父常说“施主一粒米，重如须弥山”，有多少人供奉你，你就要肩负起多少责任。

他的水杯是一个很旧的橘子罐头瓶，上面还带着罐头的标签，刚刚倒进去水的时候特别烫手，杯子盖也拧不紧。

我很奇怪，师父总把别人供养给他的杯子结缘给别的僧人，自己依然用那个罐头瓶。

我带着疑惑问师父：“那个玻璃罐头瓶容易碎，还烫手，盖子也拧不紧，干吗非得用它？”

或许只是我自己在执着杯子的问题吧，师父好像从来没有考虑过我问的这些问题，他喝水能用就是了，也从来没有操心要换杯子。

师父很慈悲地解释我的问题，他说：“没有不好的东西。所有的东西，只要你细心对待它，保护它，都会是好东西。你对它好，它也会对你好，好好为你服务，给你方便。”

半年过去了，我再次见到师父，他还是用的同一个橘子罐头瓶，没有换，没有破，连罐头瓶上的标签都没有掉。

师父的爱就像宇宙一样宽广，就算他不说话，我待在他身边，看着他的一举一动，一样在摄受[5]着我的心。

如果愿意学习，他的一言一行、举手投足，从来没有停止过教授。

师父总是让我鼓起勇气，给我充分的自由。他只是在恰当的时机点化着我，用他的智慧和慈爱，帮助我找到自己的心，做一个独一无二的人。

他就像早已站到了终点，无论路上发生着什么，都不会责怪你，只是站在最终要到达的地方，一直等着你。

任何事情你都要坚持，只要坚持就一定会有一个结果。

就算你以为你最初的选择是错的，继续走下去，也会有一个结果。

因为不破不立，错的都不会再变化，必定出问题，坚持下去也会修正成一个最适合你的好结果。

记得有人曾问顶果钦哲法王：“为什么有些师父那么疯，有些又那么正常，比如您？”

5　摄受，佛教语，谓佛以慈悲心收取和护持众生。

顶果钦哲法王说："实话告诉你，我们都是装的。在六道里，在轮回的过程中，在人间，我们都是演员，都在演戏。不同的空间，是我们不同的舞台。不同的时间，要上演不同的节目。"

不单师父们如此，我们任何人也一样。

生命中所做的一切，都是在继续着过去的意念。这个看不见摸不着的意念，潜藏在生命的深处，影响着你的何去何从。无论是感情与事业的选择，还是小到衣食住行，你都无法摆脱自己内心的念力。

我们是谁，或许在出生之前早已确定。然而这又非不可逆转，只要你愿意醒悟，在心里种下新的种子，生命就会流向新的方向。

生命必然有生命的规则，任何众生都如此平等，没有谁给你过不去，你只要了解自己，搞懂自己，就搞懂了这个世界。

想的再多，担心再多，事情还是会按照最合适你的情况发生，任何人都是上天眷顾的孩子，只需要学会了解自己，了解什么才是自己内心真正的所需。

你的心就是你的世界，当你的心接纳了整个世界，不喜不悲的时候，你就是整个世界。

不畏生死，不畏艰险；没有生死，没有艰险。只要心中有正念，你的心就会绽放出指引你前进的光芒！

当我们听到某个音域的声音时，不论年龄和种族，也无关你的职业和身份，所有人的反应都会偏向一致。因为声音是最贴近宇宙自然的通道，然而人本就属于自然。

正如看到经典和美好的风景，任何人都会由心而发地感到美好而震撼，那是我们每个人心中的共鸣，那就是自然的道，它就在我们灵魂的最深处。

即便我们懂得再多，悟得再多，可是当我们面对生活时，仍旧会有很多烦恼。这就是莲花生大师所留下的教言："见解虽比天高，行为将比粉细。"

我觉得，在不懂的时候去看太多的知识，去贪图太多的知识，会让自己更迷糊，或者增添我执。觉得那些话自己看过、听过，但是这和你的生活有关系吗？和你真正的修行有关系吗？更重要的是你做到了吗？

无论看了多少经典，参悟了多少禅机，真正能落实到我们生命里的，又有多少呢？真正的修行，是"行动"。

这让我想起来在五台山善财洞时，曾遇到的一个法师所说的话：

"你们的师父那么有智慧，他教给你的一个方法、两个方法，都够你真正学习很多年。不要天天围着师父去追寻正解，修行都是自己的事，自己修好自己的。"

涤尘去垢的过程

树荫下的冰凉
烈日下的炙热
冷和热又都不是那石板
就像喜怒哀乐是我
却又都不是我

早晨分队伍的时候，我站在那里，不主动选择要和谁一个组。

我想尝试让自己投入一个陌生的环境，希望在这个过程中看到自己的心会有什么感觉，会有什么分别。

从住处出来，忘记带手机，我没有回去取。

索性选择彻底安静的一天，不会忙着发微博，也不会过一会儿就看手机有没有信息。那些都会使心不在当下，也不会让我体会到当下的美好。

来到一个陌生的环境，没有手机大概是最好的状态，可以完全只是观照自己的心念，全然安住在当下的风景中。

就这样上路了，只要带着自己的心，那么时刻都是在朝圣的路上！

从善财洞出来到黛螺顶的这段路，说长不长，说短也不短，一路都是石台阶，我打算磕长头上去。

当身体紧贴大地，双手触摸着石板时，我闻到了阳光和泥土的气息。这是徒步上去所不能体会的感受。

纵然如此，在三步一长头的过程中，心还是会散乱，一会儿跑到了北京，一会儿跑到了家乡，再一会儿不知道跑到了哪里，而且不分过去还是未来，都是这样的散乱，使自己的身心不能拥有全然安住于当下的智慧。

阳光下的石板温热，树荫下的石板冰冷，可石板依旧是石板，这就是石板的安住与定静。

当自己的心没有足够的智慧和定力时，那么就一定要保护好自己的清净心，慎独持戒，勇于选择清净的环境，才更有利于身心健康。

当然修行不是为了节制而节制，可是只有通过节制，才能带来彻底的自由。当根基足够稳定，内在的定力和信心充分稳定时，无论风雨雷电，都如如不动[6]，才能体会到有为到无为、有形到无形的那般自在。

回想起来，每次磕头绕山或是闭关修习，在刚开始的时候，都还有一些自己的愿望，可是要不了多久，当初的个人愿想都会慢慢地淡化。那些让自己纠结的念头只不过是一时的情绪，也根

---

6 指真正看破了诸法的真相，心不会随着这些境而动，不会受任何影响。

本不算什么。

平日里的苦只不过是自己的杂念，具体所发生的事情也都不值一提，只是身心被情绪包围，会让你有所不安。然而情绪又是来时最凶猛，去时无踪迹的东西。这正应了那句“由心想生”，放下了，也就自在了。

随着身心的和谐、内在的寂静，心不知不觉变得辽阔。

无论是在修行的功课里，还是在日常生活中，最终能支撑自己坚持下来的，一定是坚定的信心，为了走出困局、为了自利利他的决心。

我继续走在三步磕一次长头的路上。

不知道自己走了多远，登了多高，跪拜了多少次，做任何事靠的不是体力而是心力。

没有计数多少，也没有什么事情非得去想。

这不是什么特别的事情，也不是非要去计划的事情。只是那一刻决定要磕头上山，并要完成它，那么去做就好。

我总是充满热情地去做从来没做过的事，这并不是好奇和多变。因为无论身处何地何时与何人在一起，内心都在做同样一件事，就是时刻在觉知自己的念头。

当身体贴近地面时，我看到和感知到的是另一番景象。

不由得感慨道，上山下山的路，何尝不是我们此生的路?

人来人往，同样是朝山，人们各自有各自的心念。沿途中看到的、感受到的，在每个人心中，却是不同的一番风景。

可以喜悦，可以快乐，但没有必要去伤害别人，也没有必要陷入痛苦太久。生命都是一样的风景，只是每个人自己的心，局限了自己的视野。或者说，选择性地看到不同的世界。

一路匍匐在石板上，树荫下的冰凉，烈日下的炙热，冷和热又都不是那石板。就像喜怒哀乐是我，却又都不是我。

清净的心才是永恒的存在，一切瞬息万变都不值得扰乱本来的宁静。

所谓高深的神圣的智慧之法，就在海天之间，在阳光雨露里，在泥土的芬芳中。内心越发平静，被加持被照耀的感觉就越清晰。

修行的目的，是降服自己的习气和烦恼，让这种觉知变成一种生活中的习惯。无论何时何地，你都能觉察自己的起心动念。

无论是三宝还是任何圣者，谁也不会抛弃你而不顾，哪有自己会抛弃自己的呢？

所谓修行，只不过是涤尘去垢的过程；所有殊圣的方法，也是教你如何清洁自己，总归是让我们越来越看到自性。因为真正的信心来自你自己的内在，所有的智慧也都是内在的显现。只因为迷惑和痛苦，被自己的欲望和执念牵引，忘记了自己本来具足的智慧。

只需要了解自己，选择一条路不停向前，至于你做了什么，给别人给这个世界带来了什么，这些都是自然而然的事情，并不是可以计划的，也不必事先丈量。

这就像一条路，只需在开始的时候选择一个方向，那么就静下心来，一步步地往前走。无论路上发生了什么，看见了什么，只要还没有到达终点，都继续往前走。

不知不觉，已经跪拜到了山的金顶。我仍旧继续向前，没有回头看身后的风景，也没有觉得疲惫。

在香烟弥漫的庙宇中，我遥望着大殿门口的台阶上虔诚跪拜的僧人，逆光背影里看不清他的表情。但是一高一低的起伏，在寂静中缭绕起我的种种思绪。

是幻想还是回忆，一缕缕的情景在脑海中浮现。

多情，却不曾留情。这温柔缠绵的人世间，也施展不尽满腹的爱。

所以继续上路，去发现更多的美好，或者说那是究竟的美好，超越情爱，超越时间，超越空间。

伫立在空旷荒野中

所有的修行
都强调自然
所有的痛苦
都源于无法自然

对于人们来说，最大的快乐并不是获得了多少财富，也不是获得了多少名誉地位，而是如何享受生活，如何看到美好。

生于二十世纪八十年代中期的我，短短三十年，就感受到了时间空间的飞速变化。这是一个时代一个国家的进步和发展。短短一二十年，人类的思维像是引爆了时空大门，你的想象力也赶不上时代变化的速度。

我出生在城市，二十世纪九十年代的时候，城市中还会偶尔看到一些农田，还体会过一边骑自行车一边和别人聊天的快乐。如今的城市就如钢筋水泥铸造的森林，人们远离了大自然，也远离了自己的身心；少了些身心的体会，多了些思维的评判。

然而如何在这样的快节奏中，在这样竞争激烈的社会中，保持自己内在的安住和喜悦，这应该是你为什么要有自己的信仰的初衷，也是修行最重要的功课。

焦虑和忧郁，似乎成了普遍的城市综合征。有时候在公寓里待得太久，就会不由自主地头痛。当我下楼走走，去公园踏踏土地，呼吸几口新鲜的空气，用不着想那些让你纠结的事情，身心会自然而然地平静下来。

所有的修行，都强调自然。所有的痛苦，都源于无法自然。

工作事业重要，让身心健康更为重要。最直接的方式就是到大自然中走走，让自己的身体回到天地之间的这个家中，让自己的心随之回到内在的这个家中，这才是生命最重要的事。

最近几日，我幽居在离北京城不远的一座山中，闲步晒暖，竟像一块干燥已久的海绵，大口大口地吮吸着天地给予的养分，被一点点滋润着。

这样的状态，根本容不下执着和妄念，容不下旧有的想法。身心回到最舒展的状态，不被情绪惊扰，不被外界的环境干扰。

你会惊喜地直呼，原来这个世界是这样的啊。这不稀奇，也不特别。就像突然从一个固定的夹角跳出，看到了事物的全局。

在这个过程中，执念会变得越来越小、越来越弱，突然间忘了执念，直到它真的消失不见。

此时，你看到的世界会让你有焕然一新的感受，像打开了自己封锁已久的心门，发现门外是如此辽阔。这才是生命最自然的状态。

越是热爱自然、热爱生命的人，越是拥有纯真美好的灵魂。

他们大多数对竞争对名利没有兴趣，并不是他们消极，并不是他们厌世，而是他们找到了生命更有价值、更永恒的美好。

这让我想起美国国家公园之父约翰·缪尔，他终身追寻大自然的美。他在《夏日走过山间》里写过这样一段话：

“伫立在空旷荒野中，我的头脑充满愉快的气氛并飞进无限的宇宙空间，所有的狂妄自大都化为乌有。我变成一个透明的眼球，我是虚无的雾，我看到了一切，绝对存在的涌流在我体内循环不止。

“距离最近的朋友的名字，兄弟、熟人、主人或奴仆，变得无关和次要。此时，他们不过是无关紧要和多余的干扰。”

人为什么要旅行？为什么旅行的人总是停不住脚步？因为这是与自然的连接，更是我们与自己真实自性相遇的一种状态。当你体会到了这样的状态时，是继续上路，还是回到城市的生活中来，都是自己主动而从容的选择。

这样的喜悦，是生命内在流露出的力量。这样的美好，什么功名利禄、恩怨情仇，都显得索然无味。

那么此刻：

愿我的心，如山谷般空灵。

愿我的心，如泉水般流淌。

愿我的心，与大地旷野融为一体。

我静静地祈祷，默默地追忆内心的痕迹，那一瞬间……

当夕阳洒在我的脸上，我融化了，

化作田野间的一束影子。

当稻田随着秋风摇摆，我融化了，

化作一阵微凉。

当泥土散发出原始的芬芳，我融化了，

化作一粒微尘。

我的呼吸，随空气流动，

我的血液，随江河湖泊喘息。

山川雄峦是我的骨，

日出月落是我的心跳。

我在这一刻消失为零，

我也在这一刻永恒不朽。

一个自由的旅者

虽深入社会
而不染尘劳
虽做许多善事
而不着于相

一

昨夜，被梦惊醒。

平日里很自在，很平静，但为何会被梦惊醒？

记不得梦中是什么画面、什么情形，只是一种被恐惧压迫的感觉，陡然间睁开双眼。

仔细反思自己的心，或许生活中有太多对自我的约束。过于精进也是一种执着，会让自己忽略内心更深层次的感受。

梦，是最自然显露的状态。今天的梦，或许是潜意识中更深的层面，那是平时没有触及的内心的显现。

弦紧易断，弦松无声。

修行绝不是用蛮力就可以进步，需要用心去体会。

执着好，执着不好，都是执着。

可以大胆地去做任何选择，去依着自己的本心做任何选择。因为没有绝对好或不好的选择，每一次选择的时候，你就要知其作用，知其副作用。

世间的一切事本无好坏，并且在修行中也没有什么是最佳状态，什么是不在状态。一切都是我们必须经历的状态。

没有什么是难以忍受的，没有什么是焦急期待的。当你看到事情的本质后，那么在世间行走，你可以宁静、满足，就像一个自由的旅者。

二

在感情不顺的时候，为情苦。

在事业不顺的时候，为事苦。

顺利了就高兴，不顺利了就难过。

人们总是在烦恼，总是从这个执着，陷入另外的执着。

渴望拥有，害怕失去。想承载更多，可是当生活真的开始历练你，让你进步的时候，你却又怨天尤人，败下阵来。

人的心念，真的是个不好满足、不好相处的怪东西。一旦被执念控制，整个人就会像一块生硬的钢铁。

前路漫漫，你想要的究竟还有多少？生命短暂，你执着的究竟还要多久？

三

物质是生存的条件，但绝不是我们生命的目标。

我们无论选择做什么事，都只是借助此事来度过现阶段的生活，表面看来是为了挣钱、为了生存，如果你愿意把工作当成一种修行，那么每时每处都是你修行的道场。

我们可能告别了一段缘分、一段经历，可是我们内心的体验却不会消逝，所经历的一切都不会白白经历。

来世间一场，万般带不走。只有你的心真正感受到的，才是真正的意义。

懂得再多，哪怕会口若悬河地讲，哪怕会长篇大论地写，这些都算不得什么。

最重要的是能否做到。自己的心底又装着什么，是否真正持有正念？

我们不单这样对自己，也一样观察他人。

不要盲目崇拜谁有什么样的名声，谁能说会道。这个能说会道的人，是不是真的给你的生活带来了改变呢？

如果觉得别人的那些话有用，就试一试，落实到行动中。假如你不去实际地做，就得不到真正的结果，就不是真正的修行。

想要依止某人，让他成为自己的老师，就一定要观察他是否真的是一个具有德行的人，看他为人处世中是否真的具备一颗利他心。而不是听他说了什么，拥有什么样的名气。

这也是对自己修行最起码的责任心。

修行中所讲的“清净观”，其实是这样的解释。

虽深入社会，而不染尘劳；虽做许多善事，而不着于相；不觉有善事为自己所做，亦不觉有众生为自己所度；如莲花生于污泥，而不为污泥所染；能这样非有而有，有而非有。

虽然修行是为了获得身心彻底的自由，可是在修行的开始，却很有必要持戒，就是按照一定的要求去约束自己。戒律不是让我们失去自由，而是让我们更快的进步。

怎么样去做？怎么样选择？如何对待这个世界？依照戒律去做，其实既是最简单的方法，又是最难的方法。

要想改变自己的一个旧有的习惯，从发现到改变是一个不容易的过程。

一棵小树苗，先用棍子固定，当它成长起来了，再去掉夹板才不会长弯。

面对累生累世的习气和这个欲望丛生的世界，我们每一点滴的进步都很可贵，所以要保护好自己的心，悉心照料着我们内心的种子。

无论失去还是拥有，都用一颗平常心对待。无论选择一条路，还是一个人，这只是一个选择。这条路一定既有平稳时，又有泥泞时。不要忘了，这正是你需要面对自己的心、需要修行的时刻。

以身外身，做梦中梦

师父说的这个愿力
通俗地说也就是『立志』
立下此生的志向
并且为此付出行动
这才是可敬可贵的人生

走在居士林的院子里，抬头看着天空。

张开双臂，驻足仰望，离天空那么近，几乎伸手就可以摘到一团团的云朵。

天空从来未曾改变，而是我离自己的心更近了，才得以如此安静地凝望天空。

此刻坐在居士林的院子里晒太阳，我的世界里只有那一把椅子，以及头顶的天空、温暖的阳光。感受着空气的温度、风的流动，身体好像与此情此景融为一体。

眼前的世界缓慢流动，像山顶飘动的云朵，时而凝聚，时而飘散。

你看见的，也将会看不见。你将回来，也将会离去。

过去是什么，未来是什么，只是相遇和未曾相遇。

那么，我是梦中人，还是在静观一场梦？

修行，是厌离自己的过患、决意改变自己的过程。

当你看透了内心的真正所需，想要再去执着过去那些让你纠结的烦恼，想必也难了。

我记得师父那双能看透心扉的眼睛，他曾严肃地注视着我，一字一句对我说：“是众生成就我们，不是我们成就众生！”

那只让我反问自己出离心和平等心的木屋里的老鼠，那个在法会上睡觉的阿尼，无论参禅还是出世，一切都无二无别。只要你有此生是为了觉悟自己的心的决心，那么所发生的一切都是为了成就自己的心。

师父说，一个人就算再有天赋，依然要付出和他人一样的努力，才会真正进步。并不是有天赋就可以走捷径，而是在和他人一样去经历学习的过程中，有天赋的人遇到困难会更快走出来，那么没有天赋的人则要更努力。强大的愿力，会帮助你破除万难、笃定坚持。

所以，当你感到困难时，不是没有机会，没有天赋，而是自己的愿力不够。

其实师父说的这个愿力，通俗地说也就是“立志”。立下此生的志向，并且为此付出行动，这才是可敬可贵的人生。

人的一生，就像有一场棋局。每一次出生，都是从新的开局。一切都是因缘，在因缘聚合的那一刻，不要迷失自己的心。

你可以成家立业，做一切大家都在热衷于做的事情。拥有出离心的你，可以比任何人做得更张扬、更投入。

因为修行不是让你评判这个世界，也不是让你离群索居，而是让你热情地投入每一个缘分到来的时刻，做好你该做的每一件事。没有了是非与排斥，没有了付出与得到，而是怀着爱与感恩，融入社会每一个需要你的地方。

这是唯一的路

当放下那个习惯
决心当一个观察者的时候
再来审视你的灵魂
便会顿然醒悟

这段时间我待在一个城市写书，从未预想过是不是能够固定在什么地方多少年。但每次都会规划，在一小段选择中去努力完成某件事。比如在这段时间里，专注把这本书稿完成。

当然会确立远大的目标，这是一生的心之所向。然而走好眼下的路，把最近的目标完成，这才是滋养身心的活法。

记得那天，一边在房间拖地，一边听诵读版的《黄帝内经》，我听到“无视无听，抱神以静，形将自正”。

这句话就是说，什么方法都别去用，不用管外在正发生着什么，也不要去揣测内在发生什么，也不要管身体怎样，只是守着自己的神。

当我们很焦躁的时候，总会说自己心神不宁，就是这样的一个心神。当你守着你的心神时，身体自然得到恢复，得到健康。

一边拖地,一边琢磨这句话,脑子里的第一反应是这句话真好，这倒真是个修行的好办法啊，找个时间坐下来试试。

然而马上反应过来，为何不此时此刻就行动呢？如果说修行得抽着空，找个时间，找个专门的空当去做，那还叫什么修行？

我想，身心健康正应该是去完善自己的内在价值观，用更加智慧的心态，让生活时时刻刻都如此应对。

于是我一边拖地，一边放空，去试着做到“抱神以静”，不听闻外界的声音，不去想刚才或一会儿要做的事，脑子里慢慢停止天马行空的杂念与画面，最后只剩下全神贯注的拖地动作……拖地……最后连拖地的动作也不去想……

我就这样体会着，那天不单把全屋的地板拖得十分干净，一点不觉得累，反而体会到一种身心愉悦。

这样的方法，我们可以用在生活的点点滴滴中，守着自己的心神，去面对工作、生活、人与人之间的交往。

谁都可以立志向，可以很高很高，甚至仰着头使劲踮着脚尖，去发一个誓比天高的大愿。问题是在每一个当下，在每一次烦恼困难袭来的时候，你又是如何面对的呢？

大多数人很容易立下大志，看起来懂得很多，会分辨这个是不想做的，那个是看不上的，这个是低级的，那个是崇高的。

记得尼采有句话是这样说的：“许多人浪费了一生，去等待符合他们心愿的机会。”换句话来说，对生活会抱怨挑剔并不能算作聪明，如何把正在发生的、正在拥有的生活努力经营成自己喜欢的样子，这才算是正经事。

敢不敢卸下粉饰，去看看镜子里自己的真正模样？只有真正勇敢地去揭开自己的内在，才真正有资格说自己在修行。

你可以有百般缺点，有任何困难，这都没有关系，最重要的是你愿意成为什么样的人，决心如何去面对你的时间、你的生活，以及生命中的每一个当下。

把心收回来，让自己全身心地投入对自我的觉知中，才可以真正提高你的生活品质，甚至是生命的质量。

如果你总是焦虑不安、急功近利，像履行任务一样迫使自己面对生活和工作。这个时候，你不单对事情本身失去了热情，失去了感情，而且所做的事情都将成为内心的拖累。

如果面对的事情是自己的工作，是别无选择的事情，必须去做，难道人生就是这样迫不得已吗？或许哪怕拥有再多世俗的价值，这样的人生也是真正的失败。

倘若抱着应付差事的心，以一颗疲惫的心去完成一件事，最后给你带来了巨大的转变和惊喜，这样的事情想必绝对不可能发生。

因为一切事情都是内在的幻化，你内在的状态，就是这个事情最后的结果。

我们就是通过一件一件的事来磨炼自己的心，直到你真正静下心来，认认真真地投入，每一步都踏踏实实，知道自己在做什么，尽了多少力，付出了多少，获得了多少，这就是生命的意义。

有人说，做自己喜欢做的事情就是最大的成功，然而却有很多人根本不知道自己真正想要的是什么。所以我说，认真做好当下的事情，那种全身心投入的状态，就是一种充实的幸福。

陪着你的人、你执着的感情、你的功名利禄、你所谓拥有的一切，其实都带不走。最终跟着你的仅仅是习惯，你习惯了那样，那习以为常的角度就是你见到的世界。

然而，当放下那个习惯，决心当一个观察者的时候，再来审视灵魂，便会顿然醒悟。

此一时，彼一时，糊涂一时，英明一时，一切如梦如幻，如露如尘。

当青烟袅袅，禅香满溢在整个房间时，沉心静坐，那一瞬间顿时和虚空融为一体，这个在尘世中四处漂泊的浪子，却时刻没有感到不安与动荡。

自然即禅心，命之归处是灵魂的家，这是唯一的路。

让心自然舒展

灵魂的目的
是你与自然合一
不是你去研究自然
而是你回归自然

下了一场小雨，虽然雨不大，但是淅淅沥沥地从清晨下到了午后。感觉院子里的花花草草突然很见长。

万事万物都有自然的规则，春天发芽，夏天开花，耐得住酷暑干燥的秋天结果，耐得住严冬的来年继续活下去。

我站在院子里，大口大口地深吸着清新的空气。被雨冲刷过的大地像是迎来一次新生。

端详着藤上新发的芽苞,还有桶里被修剪下的枝叶,不仅感慨,这真是神奇而美好的事情。一颗种子,竟能长成参天大树。正如《普贤行愿品》所述：“一尘中有尘数刹，一一刹有难思佛。”

然而世间的万物，你我的生命，不都是从无到有的过程吗?于是我沉浸在脑海的遐想中，畅想混沌初开的时刻，宇宙该是怎样的神圣壮观。

这段时间我远离喧嚣，住在郊外的村庄，总是被阳光雨露，乃至一口口清新的空气深深地打动着。这些自然属于生命的事物，让我真实地感受到爱与被爱。

有时候，我把自己想象成院子里的一株花。感受它需要什么，我给予它什么。

这样的练习，看起来是养花养草，其实是在修身养性。因为内心是定的，定是为了正见和觉知。只有用心全然地感受对方，才能升起真正的爱。

正见的心，是一个容器。智慧的爱，是容器里的营养。你的容器越大，爱越多，你给予的就越多。

通过感受花草树木，广而感受万事万物，给其所需，取己所需，这才是真正的尘世禅心。

闭上眼睛，你会发现耳朵和身体的觉知会更强。其实我们并不是睁开眼睛就没有了身体的觉知，只不过我们双眼的判断和内心对外界信息的干扰，让我们忽略了自己的感受。

物欲的纵横，各种各样的信息，各种各样的广告，还有我们从小成长的环境，塑造了一个形而上的自我。可这真的是你吗？你了解自己多少呢？

当你感到突如其来的困顿时，不要灰心，那正是你的力量。那是你身体的真我和外界指使的力量，它们让你感到在被撕扯，所以你无法动弹，看不到方向。

这些突如其来的情绪，或许是你内心的自我和外界抗争的冲突，让你一时间看不到方向。这一次次的困顿，一次次的痛苦，都是你内在力量的召唤。

不要妄自菲薄，不是看不到方向，或许这根本不适合你。我们不需要立刻做出任何选择，我们不为任何人而活，我们也不是任何人的傀儡。

当你病了、累了、迷茫了，这是你内心的声音在召唤你，唤你去听听自己内心的声音。

回到自己的心中，抛开外界的杂音，宛若沐浴在静谧的月光之中，这里没有烈日当头时的灿烂激情，但是可以比任何时候都更加关注自己。

不是他人眼中的你，不是站在镁光灯下的你，不是谁所希冀的你，除此以外的是他人的时刻，或是生命旅途中所途径的某一时刻。然而此时此刻，当你开始关注自己的身体时，你的心，你的双臂，你的双脚，告诉了你什么，你真正想去哪里？这样的时刻，才是你的生命，才是真正属于你的时刻……

不去执念，不再在意外界的声音，回到自己的内在中，那里有一直等待我们拥有的宝藏。

不再是“他们说，所以我”，也不单单是“我觉得”，我们可以有“我感到、我听到、我的身体告诉我……”

抬头仰望天空，周而复始的日出日落，那颗最亮的星星总是陪伴在月亮身旁。这不禁让我思索，什么是时间？什么是空间？

你再珍惜时间，时间还是不停出现。你再浪费时间，时间仍旧继续出现。然而生命就是时间的蔓延，那么我们拿生命来做什么呢？

眼前的世界里，这是我的父母，这是我今生的爱人，这是我此时此刻要做的事。什么是真？什么是假？什么是爱？什么是离别？什么又是相聚？

那么我曾经的亲人，曾经的过往，又在哪里？此时此刻的牵挂，牵挂的是什么？那么曾经的我，又站在哪里？又牵挂着谁？

我是粗暴英武的帝王，我是花天酒地的才子，我是半途而废的假行僧，这是我，我又是谁？生生世世，在现实中，在梦中，我仿佛看到了生命千回百转的轮回。

或许没有时间，没有空间，生命的一切都是自然而然地发生着。回到自己的内在，让心自然地舒展，在每一个当下，心无挂碍。

有些时候，你锲而不舍地研究学问，而不是去运用学问，那永远无法超脱。

你要问问自己的心，你所做的事情都是为了什么？

生命生生不息，每一瞬间都在变幻，我们无法了知生命的每一个固定模式。

很多科学家都在研究，试图总结出来一个公式，然而最后却走入一个死胡同。因为自然是活的，生命是活的，一个活的东西是无法用固定模式去套牢的。

我们所研究的一切规律，就像一个人的大概性格和习性，但是在变化的环境中，又会发生太多改变。如同样的两盆兰花，一个放在屋内，一个放在屋外，生长的样貌就会有所不同。

在上古的文明初始时期，太多的先贤已经在经典中把自然的法则诠释得很清楚，可以说是完美的“生命使用手册”。我们可以通过经典去了解生命的大概流程，我们可以拿着“使用手册”去借助先人的智慧，感受到自然本真的美好。

倘若将生命的周而复始比作一个舞台，即便每一场重复的演出，也会有很多不同；倘若比作春夏秋冬，每一个春夏秋冬的交替，也会有很多不同。就像你无法保证这棵树在每个季节从哪片叶子开始生发、掉落。每一年都不会有同样的落叶规律。因为生命是鲜活的，生命就是法无定法。

那么什么才是永恒不朽？莫过于所谓“同体大悲”，这就是万事万物本是一体的爱，这种对万物如同己出的爱。

灵魂的目的，是你与自然合一，不是你去研究自然，而是你回归自然。

痛苦，是因为离自然太远。当我们面对一次次选择时，哪怕是一个很小的选择，都不应该偏离自己的心。不是他人如何评价，不是怎样才是对的好的，而是感受你自己的心，自己的身体，怎么样才会舒服呢？让自己的内在舒服，才可以把幸福快乐散发出来。

所谓修行，不是去追求一种禅境，而是要知道禅就是你内在的心性。把自己被外界干扰的条条框框一点点清干净，慢慢地觉知自己的内在。

也有人追求道法，道依然不是追求外在的道，而是要知道，道也在你的心中。使自己时刻的生活和行为安住于道，这也是修行。

很多时候有人说，要去学习身心灵，那么身心灵在哪儿？没有谁比你自己更了解你，身心灵不在别处，也不在某个老师口中。美好的境界不发光，也不难得一见，就在每时每刻的当下。

自性的光芒就这样陪着我，化作我的身体，化作我的朋友，化作窗前一阵微风，不言不语，寂静相伴。

那一刻，我见到了它，亦如曾狂放不羁，如今收心的浪子；亦如不知天高地厚，突然懂事的孩子。

我像是找到了归宿，亦不问留几天，只想说，这次来了，就不走了，再没有生生死死，再没有离别相聚。

最好的作品是我的生活

珍惜每一个当下
不将就，不凑合
用心对待每件事
如兰清幽，如风自在

小时候曾梦想当科学家、画家、摇滚明星、作家，后来还想过出家，再后来什么家都不想了，只想当个生活家。这比任何事情都来得实在。

快十年了，一直在写书，刚开始是因为愿力，后来确实有些难熬，现在倒享受起了一个人写作的时光。无论发生过、发生着什么，一旦开始写，就只有茶和阳光，说点关于心的事情，收获多少，自己的心最懂。

在世界的角落，静悄悄地做自己，做喜欢的事，吃新鲜的菜，见投缘的人；每天都会把房间打扫整洁，焚香熏屋，让自己的身心和房间里陪伴生活的每一个物件，都生动而美好。

舒服的心，会创造一个舒服的环境。每天的日子，过得像晴空一样分明。

当这个世界变得越来越快，我开始慢下来。

越来越少的社交，越来越精准的生活方式。这一天天的各种爆料和头条，无论谁是谁非，又与你何干？仿佛国家大事聊多了，就如参政一般？仿佛明星名人聊多了，就如身在其中一般？

倒不如静下心来，回到自己的生活，哪怕坐下来只是认真泡一壶茶，用心品咂几口。

有时候一个人待久了，总会来回地翻电话本，看看约上谁出来坐坐。然而，当走的路越来越多时，我发觉有时候想要的不是热闹，而是一个有质量、有回应的交流。如果没有合适的人，倒不如一个人安静思考，找个地方随便走走，看一看天，看一看海。

人生难得知己，难得爱人，相逢是缘。这句话未免有点俗气了。但是何尝不是如此这般？

我还不足以当圣人，行住坐卧都空性自在，所以也不敢妄自去说他们的境界。尽管时不时会顿悟到灵光一闪的感受，但还是会陷入情绪的困局。

我们都还会孤独，此生的家人、爱人是我们人生路上的陪伴者，还好有他们。然而问东问西，见天见地，终究要独自面对自己的心。

如果说“人生如梦幻，去体验自己想体验的”。那么，人生也只不过是体验了自己想体验的，是低头抱怨、自怨自艾，还是往前走，活出来自己的精彩，这都是自己的选择。

节制是一个人的修养，越是在诱惑面前，越能看得出一个人的优雅。人们不择手段地扩张着自己欲望，让环境变得虚伪而扭曲，这不是外在的问题，而需反观自检。

有的修行人可能闭关多少年，一个人独处修行，就是因为有强大的内心依靠，明确的生命选择，才会有如此的定力。

我想，我们生命中最大的煎熬，就是心无所属。

就像有的手工匠人，挣钱并不太多，但是他喜欢，这个过程对于他来说就是很享受的体验，这就是他的心有所属。

一个人，无论如何也要拥有一件热爱的事情，这件事情不一定要给你带来什么现实的价值，而是让你因此而放松和放心下来。这是件讨好自己的事情，能让你在喧嚣之中，拥有属于自己的独立世界。

比如很多步入而立之年的人，比起年轻人，已经就业了七八年，可是想想自己，不上不下，并不满意。

甚至有的人会陷入事业的困境，那种体验，不仅仅是经济的危机，更重要的是内在的痛苦。

生活中，最害怕的不是困难，而是失去内心的力量。

一时的贫穷，一时的挫折，都不足以把人打倒，唯独内心的困顿，足以让人体会最深刻的痛苦。

每个人都有着一套自己的生活方式，即便是你认为的坏人，你认为不思进取的人，也只是你没有看到他背后的故事，也未曾体会他内心的疾苦。

面对一个深陷事业或者感情迷茫的人，我想，需要给予他的是一种陪伴，告诉他“你能行”，而不是埋怨“你为什么这么不争气”“这有什么大不了”。

如果这个深陷痛苦的人正是我们自己，我们就更应该停止自责和抱怨，去好好地呵护自己的心。失去，必定是因为不合适，那么我们真正需要什么呢？

或许你需要的不是一个爱人，不是一个立即去做的工作，此时正是可以好好聆听自己的机会，我们需要的是内在的力量。

把心打开，不是你宽恕了谁，而是让自己的格局变大。

有时候人与人之间的冲突，并不是谁刻意要冒犯谁，而是所站的角度不同，所以沟通的语言不通。然而矛盾往往是由于我们相互要求对方，不容异己。

只有放下那份执念，穿过言语，穿过表面，才能感受到爱的本质。

有时候明知道对方是为什么，明知道他的性格，为什么还要因自己的执念而陷入烦恼？

要知道，你的任务只是看护好自己的心。为什么要去纠正别人的性格，让别人的言行和自己一致呢？

我想要做的，唯一要做的，就是扩大自己的格局，去好好经营自己的心，而不是改变外在的环境。往前走，迈过这条路，眼前还有更多风景。

执着放下，执着拥有，都是执着。倒不如敞开心扉去面对。

如果说恩怨情仇是你修心路上的障碍，我想这并不是一个很彻底的思维方式。

就是这些才会让你看到自己的心，才会让你有所反思。没有烦恼，哪来的思考？

我曾体会过缘尽时候的放下，那是没有疼痛的放下，自然而然地就断了。

有些事情，如果你还会起心动念，那正是你需要面对的。勇敢面对，全然接纳，才是真正的修行。

师父曾写过这样一段话："觉悟之路上，我们会一再跌回旧的习气中饱受挫败，但不要失去耐心、慈悲和温柔。"

记得一个小男孩在幼儿园犯了错误，被关在了小黑屋。

男孩一直敲门，让门口的阿姨跟他说话。阿姨说："你又看不到我，让我说话有什么用。"男孩说："你跟我说话，就有了光。"

不加渲染，这是一个孩子最本能的感受。共鸣和回应，是前行路上的光，他人给你的，只是一种陪伴。只有把心中的杂念恐惧放下，生命的光芒才能透出来。

倘若有幸遇到真正的心灵导师，他也只是陪伴者，没有人能拯救你、替代你，生命的旅途仍旧需要自己去经历，去面对。

有时候世界很大，吵嚷得人声鼎沸。有时候世界很小，安静得能够听见一颗水珠滑落的声音。深呼吸，关注当下就是新的开始。

就是因为人生很无常，一切都不确定，所以才要珍惜每一个当下，不将就，不凑合，用心对待每件事。如兰清幽，如风自在，不用借助什么人什么事来美化自己。

与自然为友邻，在生命中尽情舒展，因为心中有天地万物，所以被天地万物眷顾。

未曾发觉的美好

从一片落叶看到整个秋天
从温柔的双眸看到爱与慈悲
当心安住于此刻的时候
永恒也会消失在这一瞬间

记得有次去旅行，同行的一个姑娘建议自由活动。回程的车上，她告诉我说，刚才她去路边，画了一幅速写。我说："怎么没听说过你会画画啊？"

她说，画得并不好，也不怎么会画画，只是因为专注画画的时候才能安静下来，去认真观察走马观花时无法看到的风景。

这个姑娘借用这样的好习惯，去全然地感受当下。我这么说，并不是让大家都来画速写，也不仅仅针对旅行。在生活中的任何时刻，我们都可以让自己驻足于当下，去看到更多未曾发觉的美好。

这让我想到，总有些人会对我说，我找你学画画啊，你教教我怎么写作啊。我总是告诉他们同样的话：真实、用心。

越是靠近自己的真实感受，越是勇于去表达真实的情感，越能创作出独一无二的作品。

相对而言，心理学和宗教也如此。我们不是对咨询师或所谓灵魂导师产生依赖或者崇拜，不是从一个困惑跳入另一个圈套，而是通过不同的方式去开启自己内在的力量。

每个人都在寻找一个属于自己的空间,在这样寻觅的过程中，生命永远在路上。

有人说，恋爱的时候，住太大的房子都是浪费，因为干什么都想黏在一起。在一起时间久了，还是房子大一点好，才能各自有各自的空间。

等到自己为人父母的时候，总会懊恼自己年轻时太叛逆，不能好好和父母说话，不能多陪陪父母。

然而即便是真情真意地告诉年轻人，告诉青春期的孩子，可他们仍然无法改变。

这就是人生的不同体验，无论是自己还是对方，什么样的时候就去体会什么样的感受。

一个阶段做一个阶段的事情，没有必要懊恼和否认自己。做人做事和做艺术作品都一样，没有对错，只有真假。

太多时候，我们无法摆脱的痛苦不是真正在发生着什么，而是我们无法停止的担心和恐慌。

弦紧易断，弦松无声，过于懈怠和过于着急都是一种执念。

用心做好今天该做的事情，哪会有不好的结果。该放下的不是对生活的热情，而是对未来的担忧。

如果还有一点我执，就谈不到真修行。

即便穷尽一生的精进，到最后还是放不下执念，那么依然无法修成正果。

修行不是只有你所信奉的才是最至高无上的，不是别人和你有不同的信仰，或者还没有找到信仰，就是需要被救赎的。

你要知道你的信仰想告诉你什么。我相信所有的信仰，哪怕信仰艺术、爱情或金钱，都只不过是方式不同，或者奏效不奏效罢了。灵魂的目标都是爱与自由。

有人说叛逆是渴望被看见，如果被看见了，就没有必要叛逆。

那么被谁看到呢？最圆满的被看见，就是能够自己看见自己。

自知，是最有力量的信仰。

生命的过程，无论你着急不着急，都像是在种一棵树。踏踏实实地种在土里，只需细心浇灌，等着它生根发芽。想得再多，再着急，都不如用心品味当下的美好。

照顾好自己的心，照顾好自己的身，生活像卡上了齿轮，静静旋转，缓缓向前。

人在不同阶段都在做着角色的转化，离开学校踏入社会，从单身变成已婚，从女孩变成母亲。这个转化中，必然会打破很多旧有的观念，大多数的选择都没有对与错，只是一种自然的成长。

无趣有趣，好与不好，都没有标准。只有过去的自己，现在的自己，明天的自己。无论结局如何，这都是你的生命，你独特的生活轨迹。

接纳发生在自己身上的一切，也要接纳变化，在不同的时候，过不同的生活。

虽没有对错，但唯独要问问自己，是否对你的心，真诚以待。

总有人在想要做什么的时候，总是试图先找一个合适的机会，再去开始这件事。

那个合适的时候，总是一拖再拖，我想这并不是你真正的渴望。

真正的热爱，是按捺不住的热情，对于学习和美好的发现是在每时每刻的。

做事业也好，挣钱也好，任何事情都是为了心灵的自由。被感情，被金钱，被任何东西限制住，都不能算作自由。

所以无论再忙，都不要忘了初心，这个初心一定是你所企及的美好。不是到了哪天你才能美好，美好就在每一个当下。

此刻你能坐下来看这些文字，不是挺好的吗？我们意识到自己开始焦虑不安的时候，也是应该从焦虑不安中回过神的时候。

不要去琢磨为什么会焦虑，为什么曾经会那样，担心未来会怎样。只需要让自己回过神来，看一看当下，哪怕是畅快地呼吸几口，回到身体的觉知，回到对当下的觉知。

若内心有足够坚定的信念，即便仍会遇到烦恼和苦难，但我们不至于被烦恼和苦难带走，也不会沉浸在痛苦中，只会看着事情发生。

全然接纳，全然放下，才会迎来真正的身心自由。

有一种状态就是时时刻刻的喜悦，因为你深深地知道生活的一切都是唯心所造。当你发现身心与自然无二无别时，就再也不会觉得自己是在一个人奋斗，因为心已经和万物融为一体，生命处处向你打开智慧的窗口。

每个刹那都是永恒，从一朵花苞看到满园芬芳，从一片落叶看到整个秋天，从温柔的双眸看到爱与慈悲。当心安住于此刻的时候，永恒也会消失在这一瞬间。

在辽阔的天地之间

一个真正有智慧的人
会知道什么才是灵魂真正所需的
活得很当下
目光却很长远

从色达往康定的路上，师父开车，只有我们俩人，在辽阔的天地之间，直线穿行。

我们不言不语，像此刻的天空一样辽远，像车窗外的大山一样寂静。

这一幕是那么平凡，是如此简单。可不知道是怎样的经历，怎样的缘分，让我又回到了师父的身边，如今重逢相聚。

师父一边开车，一边给我开示。

他说，最初的我来到他身边，就像一座没有开垦过的荒山，慢慢地有了土路，再后来变成了水泥路，等变成高速公路，进步就会很快了。

修行这个过程，就像一种劳作，挖掘深埋在内心的宝藏，一点点地清理，直到让内心透出光芒。

所谓法就是方法，是我们最终获得身心自由的方法。所以说，不要执着，甚至连法也不要执着。再举一个例子，就像我们口渴了要喝水，那么如何把水喝到口中呢？我们需要一个杯子，但我们的目的是喝水，并不用执着那个帮助我们喝水的杯子。

但这并不是方法不重要，如果没有这个法，你怎么把水喝到口中，怎么到达彼岸？

有的人可能会抬杠，说可以直接用嘴巴对着水管喝。

但是，方便的法是先前的证悟者留给你的成功经验，甚至给了你杯子这样的道具。他给你，你接受并且照着做，会更快地达成目的。

如果你不要这些道具，非要自己独辟蹊径，那也未尝不可。因为对于发心利他的修行人来讲，到达智慧的彼岸只是一个开始。只有拥有自我圆满的智慧，才更有能力去利益他人。

一个修行人要发心，更要发愿。或者说，在你修行的过程中，要慢慢回忆起或者找到你此生为何而来的愿。

如果没有发心，也没有发愿，就会像我们从家出门，但是不知道要去哪儿，更不知道出来干什么，只是闲逛。

如果你有目的，知道现在出门是去某某商场，是为了买某某东西，买东西是为了送给某某人，送给某某人是为了什么。如果你有这样清晰的思路，你出门就是一条直线，不会浪费时间，不会漫无目的，更不会被沿途的任何风景所耽误时间。

很多人活得迷茫，想必就是活得没有发心，也没有发愿。做任何事不知道为什么，也不知道自己活着最终是为什么。

这就像活着只是没有死，却没有真的活着。一天还是五十年，没有太大的区别，只是身体慢慢衰老了，却没有调动起自己的生命价值，还尚未燃起内在的热情。

所以，活着最重要的是应该发现自己的价值，充当自己的伯乐。

对于我来说，全心投入修行的这些年，最大的进步始于找到自己今生内在的愿力，那个无论身在何时，身处任何境地，都不会被动摇的内在目标。

在那一刻，我的生命发生了巨大的变化。我再也不会执着于任何事，沉迷于任何事，就像那句话所说："世间一切，为我所用，非我所有。"所有的一切，都只是为了承载我的愿望。

这就像金钱物质只是我的工具，甚至一切服装打扮，也只不过是我要完成今生誓愿的道具。

所以，我也不会成为我的身体和情绪的奴隶，因为我的身体也是承载我的灵魂的道具，有时会累，有时会病，这些都很正常。就跟我的车需要定期维护是一个道理。

一个真正有智慧的人，会知道什么才是灵魂真正所需的，活得很当下，目光却很长远。

一个有所成就的人，永远会主动对待这个世界，永远不会试探，不会等待，不会没有勇气。

正如一个真的能积攒财富的人，他是财富的主人。他知道财富是流动的，也不会被财富所累，而是驾驭在财富之上，让财富实现更大的社会价值。

这就是所谓放下，只有你放下对某件事的执着，这件事才可以自然而然地发展起来。我们的执着，就好像一个阻塞血管的血栓，使血液不能正常流动，所以我们会病会痛。

当我放下对一些问题的执着，当我真正在历练中懂得如何应对那些曾经让自己棘手的问题，那些曾经求之不得的东西自然会来到我的身边。可是我已然不会像过去那般痛苦。

其实幸福很简单，你只需静静地坐在那里片刻，把心放松，让思绪停止，感受世界只有此时的这一刻。

感受这一刻的宁静，孤独只是一种情绪，不曾真的存在。

当我们吸入空气，与自然融为一体的时候，是如此美好。空气湿润，微风徐徐。无论坐着、走着都感到很舒服。一切都刚刚好，一切本来都好好的。

这个世界本来就是那个样子，像磐石一般从未被附着任何色彩，只是我们的念头让这个世界五花八门。

是天马行空，还是静如止水？只是你的一念之间。

什么是永恒？什么是不朽？什么是纯粹？那是我们无垢无染的自性。

我们都在不停地寻找，在寻找之中累得趴下，在寻找之中迷失方向，在寻找之中变得孤独寂寞，在寻找之中变得痛苦无助。

直到那一天，我们停下向外探求的念头，静静地凝望自己。

越沉寂，越欢喜。

智慧是一件金刚铠甲

你与宇宙万物
从未分开
越对生命充满信心
越会感到来自宇宙万物的力量

那年冬天，从康定到成都的路上，翻山越岭，我和车上十个僧人，一起经历了暴雨，目睹了别人的车祸，也经历了自己的车祸。

在山路上紧急拐弯的那一瞬间，车子猛烈撞击在悬崖的水泥围栏上，共同和死亡擦肩而过。

我坐在副驾驶座上，师父在开车。后面的几位小师父都在坐着睡觉。

汽车滑向悬崖护栏的那一刻，我想也只有开车的师父知道当时的危险。打滑的瞬间，我看着师父瞪着眼睛大声诵经，用力扳着方向盘，汽车最终巨声斜撞在水泥墩上，停了下来。

师父的鼻梁肿了一块，我们全车人几乎毫发未损。

直到车停了，后面的几位小师父才醒过来，他们不知道刚刚发生的一切。我想，如果汽车真的从悬崖上飞出去，这几位僧人也许就在睡梦中离开这个世界了。

师父问我刚刚害怕吗？我竟然没有任何恐惧，我想这就是信仰的力量，认为自己根本不会有事，即便有事，也是命该如此。

内心的镇定让我很少有情绪和恐慌，只是全然地接受和感受着当下。况且这一生，直到今日，我对人对事从没有昧心而活，也没有什么可遗憾的。

因为撞击太重，方向盘失灵了，在风雨交加的山路上，汽车并没有办法被及时修理。

师父用自己的定力和力气，倾斜地拉着方向盘，在暴雨中连夜把车从康定开到成都。

因为过于疲惫，车里其他的僧人都睡了过去。我在副驾驶座上很希望能陪着师父，可是自己控制不住，眼皮不停打仗，努力地撑着，但还是不经意睡着一次又一次。

在师父身边的这段日子里，我看到他的手机总是不停地响，但师父无论是在吃饭时，还是在那天疲惫艰难的情况下，从来不会拒接电话。无论弟子问的是什么样的问题，无论他有多累，他都会温柔慈悲地给予电话那端的弟子温暖和安慰。

我们这次从色达出发，中途去往康定，是为了补足居士林的修建款，师父把弟弟的汽车过户给包工头。

也许这些在师父心里根本不能算作什么，他心中只有一个念头，就是不惜一切地给弟子们提供修行的方便，只要弟子能进步。

他的这种恩德，就算不是作为师父，只是作为一个普通朋友，他的所作所为也足以令人致敬。

我是一个很执拗的人，从不盲目听信，并且很难调服。

我时常这样去想，如果一个僧人抛开他的一身袈裟，一个在家人抛开他的身份地位，仅凭着他的人格魅力，就可以让人敬佩，这才算是真正的人中之宝。

遇见师父之前，我的心中一直有一条准则：对人尊重是我的态度，无论对方贫富美丑，我都会用我的态度给予关心和爱。

无论他的名声再显赫，也不足以成为初次见面就让我五体投地的理由。就算一个人声名再狼藉，我也不道听途说，需要亲身观察和相处，才能做出断定。

记得有句话这样说：真正有德行的师父，会让人越相处越充满信心。我和师父之间的关系，经历了一个又一个阶段，直到几年后的今天才如此亲近。他一直陪伴着我往前走，越往前越能感受到他的恩德。

如今，师父已然成为我生命中不可或缺的部分，他是我活着的榜样。师父的慈悲，让我只能勇往直前。我的一切念头，在他面前都显得那么渺小和可笑，惭愧不已。

回到成都的道场，我静静地用心打扫房间的每一个角落。只要用心去感受这个世界，无论做什么，都一样是学习，都是不停地在修心。

真正爱你的人，并不会因为你做了什么，你成了什么，而增加或者减少对你的爱。

不要打着为了他人的旗号，更不要打着爱的旗号，却只为贪婪外在价值，这样只不过是在喂养自身的欲望罢了。

如果有人因为你的外在价值而仰慕或追随你，招致过来的只是肤浅的违缘障碍。要么贪你的财，要么求你的色。又何苦为这些唯利是图的人而劳苦了自己的心呢？

所以我们的苦，只是自己不愿意放过自己而已。

有时候我会思索，周围的人们几乎很多都比我衣食住行优越，也有事业有爱人，为什么还总是在我的面前诉苦抱怨。为什么我一无所有，却平静满足？或许心不安宁，拥有再多，也是徒劳一场。

在你不够了解自己，不会善用自己的福报的时候，根本没有能力承载所拥有的生活。追求的越多，得到的越多，就越是一团糟。

那天，我道别师父，准备飞往北京。

一个人边走边想，修行的这些年，使我看到更加辽阔的世界，看到生命原来如此。

心中感慨万千，但又无法向任何人表达，我只是情不自禁地流眼泪。这泪水不是不开心，不是悲伤，而是感动。

头顶的月亮，像一只在局外一直观望我表演人间这出戏的眼睛。

当你觉得孤独的时候，其实从不曾孤独。只是还没有感受到，你与宇宙万物从未分开。

越对生命充满信心，越会感到来自宇宙万物的力量，直到明白，你就是这个世界，世界就是你自己的心。

所以我没有必要向谁表达和诉说，这些都没有意义。我更应该让自己多一些平静，多一些感受，多一些此时此刻与这个世界的连接。

修行所得的大智慧，像一件真正的金刚铠甲，让我不畏惧任何瞬息万变的境遇，反而在暴风骤雨中越发强壮，在物欲纵横中越发冷静。

出品

全国总经销

出品人 张进步 程 碧

特约编辑 孟令堃

封面设计 lemon

版式设计 八月松子

运 营 肖 遥 谭 婧

法律顾问 天津益清（北京）律师事务所 王彦玲

新浪微博

微信公众号

出版投稿、合作交流，请发邮件至：innearth@foxmail.com

了解新书，图书邮购、团购、采购等，请联系发行电话：010-65772362